前言：跑步与回想

跑步是什么？人们跑步——被数千万人看作消遣的"跑步"——究竟有何意义？也许有人认为，这个问题的答案取决于谁是跑步者。不同的人跑，其理由也不同：有人是出于爱好；有人是因为跑步能使他们感觉良好、状态良好，因为跑步能使他们保持健康、快乐，甚至能使他们生机勃勃；有些人跑步是为了社交；有些人是为了缓解日常生活压力；有些人喜欢挑战自己，考验自己的极限；另一些人喜欢用自己的局限去比较别人的局限。跑步的意义似乎因人而异，因其意义完全在于一个人跑步的理由。

但如今人们还是普遍认为：奔跑不仅对个人意义重大，对人类也意义重大。很多人认为，这种意义来自奔跑在人类进化史上、在造就当今的我们（我们每一个人）的过程中所发挥的作用。一些人认为，我们是天生就会奔跑的类人猿（他们也许是对的）——这是数百万年随机突变和会跑的猿类的自然选择使然。我们为了狩猎而奔跑，如此便不仅能以植物为食，也能以动物为食。另外，正如哈佛大学人类学家理查德·兰厄姆（Richard Wrangham）等人指出的：以动物为食，增加了人类膳食中的蛋白质，这至少对人类大脑在此期间的重要扩展起了某些作用。蛋白质的增加，也许不是这个"脑形成"过程背后的驱动力，但没有蛋白质的增加便不会出现"脑形成"。换言之，奔跑移除了我们人类物种进化过程中的一个重大障碍。另一些人认为，我们祖先的奔跑与我们当代人良好的认知能力之间存在着更紧密的关联。我们祖先的狩猎策略并不基于速度，而是基于忍耐——基于一直追踪单个动物（即使它是一大群动物中的一只），一英里[①]一英里地追踪它，直到它最终死于体温过高。佛蒙特大学生物学家贝恩德·海因里希（Bernd Heinrich）[②]指出，必须始终注意一只动物，不理会其他动物，一直紧盯那只动物，在它向地平线奔跑消失的过程中，并在其后数小时甚至数天中保持这种注意力，这是我们全部认知能力的基础。

我认为，这些故事也像我们讲的人类其他故事一样，它们之所以如此重要，并不在于它们讲了什么，而是在于它们表明了什么。我并不是说那些故事一定是假的。相反，我认为那些故事里包含了一些重要因素。但是，某个真实因素若被错当成了全部真实，有时便会比谎言更有害。对奔跑意义的这些进化论解释，意在用奔跑对智人这个物种的"有用性"去解释其理由。这完全没错：这就是进

[①] 1英里约为1.61公里。本书脚注均为译者所注，此后不再一一标明。
[②] 1940年生于德国，德国生物学家，美国佛蒙特大学生物学系退休教授，马拉松和超长距离马拉松赛跑爱好者，多次创造优良成绩。他写过18本书，包括2002年出版的非虚构类作品《我们为什么奔跑》。

化论的解释方式,必定有效。但其中必然存在一个现象(也是这些故事所表明的),那就是赋予了奔跑某种价值。奔跑因它所做之事才有价值。跑步的价值在于,它带给我们另外一些东西。

我们若以人们奔跑的理由去解释跑步的意义,那么将这种价值赋予跑步,便可以落实到个人身上。一般人认为,个人跑步是因为跑步对他们有这种或那种用处。哲学家谈到这种价值时,往往说它来自"工具性价值"①的有用性。某个事物有了作为工具(即作为达到目的的手段)的价值,便有了工具性价值。金钱具有工具性价值,其价值在于它能以钱易物;药物具有工具性价值,其价值在于它能使你恢复健康。仅仅具有工具性价值的事物,其本身并无价值——其价值总是在别的地方,在其他某个事物中。价值的真正核心,恰恰存在于此类其他事物中。

跑步的确具有工具性价值。但对跑步之因的两种解释(即从个体的角度和进化的角度)却都包含了一个错误——这个错误也许大到足以被看作一个历史大谎:以为工具性价值是跑步的唯一价值。但是,事实并非如此,工具性价值甚至不是跑步的主要价值。

从某种意义上说,我们正生活在一个可怕的年代。这种从工具主义角度认识跑步的思维方式,反映了人类生活过的那个狭隘的功利主义时代:那时,一切事物都必须有用,必须"有益于某种事

---

① 指事物的有用性,即作为实现目的性价值的工具(手段)的价值。目的性价值是人们寻求的最终目标或结果的价值。

情"。马丁·海德格尔（Martin Heidegger）①也许是20世纪最重要的哲学家，他在其开创性论文《关于技术的问题》（*The Question Concerning Technology*）中指出：现代必然包含着他所说的"座架"，即"装框"。换句话说，现代体现了观察或理解我们周围世界的一种方式，并以它排除了观察这个世界的其他方式。在这方面，现代绝不是绝无仅有：一切时代的人类都有各自明确的"座架"。现代的典型特征就是单一的工具主义或功利主义形式。现代世界的"座架"中，一切都简化成了这种或那种资源。我们仅仅根据事物的用处去观察和理解事物，大体上说，就是看事物有可能为我们做什么，无论做的是好事还是坏事，我们甚至不能理解它们也许还有其他价值。如今，连自然界都被描述成了各种自然反应的集合。酷爱离经叛道的海德格尔说，现代思想的这种工具化倾向"暗化了世界"。换言之，就是从狭窄的技术角度去理解现实本身。

除了从事物的用途思考事物价值，我们根本不能从其他任何角度思考事物价值。这个说法也许过于激烈，但我们的确发现很难从其他任何角度思考事物价值。认为跑步对己对人都有用处，这当然是为跑步辩护的最常见方式。有人说，跑步是为了保持健康，为了瘦身，为了放松，为了保持活力。这些回答隐含的假定是：跑步若是消磨时间的一种合理方式，它就一定"有益于某事"。换句话说，

---

① 德国哲学家，20世纪存在主义哲学创始人之一和主要代表，其哲学代表作为《存在与时间》（*Sein und Zeit*，1927）。

它必须具有某种用途。跑步有价值，与跑步能为我们做什么无关，它也许具有一种无法从工具角度理解的价值。我们甚至很难理解这个想法。这是我的经验之谈。我不得不克服多年（其实已有几十年）的困惑，才理解了这一点。

在本书中，我会用大量篇幅描述我的跑步经历，包括哲学家们有时说的（对跑步的）"现象学"调查。我不是为描述而描述，也不是因为我享受这种描述。我发现，这其实是一件困难、费力、有时令人疲惫不堪的事情。毋宁说，我描述跑步的经历，是因为我要指出：跑步是一种具有极为不同价值的经验——不是工具性价值，不是有用功能的价值。从这种价值中，人们会发现生活中某种重要的事情，至少能大致地认识它。在本书中，我要为一种主张辩护，而我认为，很多人都会认为那种主张很奇特。不过，虽说跑步确实具有多种工具性价值，但最纯粹、最优良的跑步却具有一种截然不同的价值。这种价值有时被称为"内在的"或"固有的"价值。说某个事物具备固有价值，就是说该事物的价值在于它本身，而不在于它能使人们得到或拥有的任何其他事物。我将指出：跑步具有固有价值。因此，一个人出于正确的理由跑步时，就是在接触生活中的固有价值。

这么做的意义，比仅仅理解跑步的实质（即跑步究竟是什么）更广泛。生活在这个"暗化了的世界"里，我们的生活被一种现象毁坏了：面对固有价值时，我们没有认识它的能力。我们一生都在为完成其他某件事而努力，而后者又是为了完成另一件事。60年或再加10年、20年无尽无休的努力，只是为了做成某件事情：数十年追求有价值的事物，却几乎没得到过它。为某种重要事物本身去接触它，而不只是为了某个其他事物去接触它，将会结束这种追求，至少是暂时地结束。至少在一段时间内，你不是在追求价值，而是沉浸在了价值中。

人们有时会问（人们认为这毕竟是哲学家该做的事，尽管如今我们很少有人这么做）：今生的意义是什么？遗憾的是，这个问题至少由两个方面构成。第一，对一些人来说，"意义"这个词意味着我们寻找的答案十分神秘，唯有宗教导师才说得出来；第二，这个问题也许有一个答案——类似现成的灵丹妙药，能毫不含糊地告诉我们人生的全部意义。但实际上，这个问题更为人们熟悉，也并不那么难以回答：几乎人人都会在某个时候对自己提出这个问题。人生中什么是重要的？或者人生中什么是有价值的？或者我该珍视人生中的什么？或者假定我的活法反映了我珍视的事物：我该怎样生活？这个问题的一些玄妙答案几乎毫无用处：答案唯有可以被理解，才有用，而可以被理解便不算玄奥。何况我们也没有理由认为，这些问题只有一个答案。

我要在本书中论述的是：跑步是一种理解生活中什么重要或什么有价值的方式。这种方式，就是让自己按照其应有的样子接触固有价值，或是在生活中显示出固有价值。跑步绝不是做到这一点的唯一方式，但它毕竟是一种方式。所以，它也是回答"人生的意义"这个问题可能包含的唯一合理含义的一种方式——无论这个含义会多么平凡和朴素。至少在我看来，这个问题的答案总是空洞无力，时常变化。我只能在某些瞬间理解它，稍纵即逝。但它们也许是我人生中最重要的瞬间。从根本上说，我将设法使你相信跑步体现了一类知识。我跑步时，懂得了人生中什么重要——虽说我很多年都不知道自己懂得了这个。它不算新获得知识，也不算重获知识。我小时候也知道生活里什么重要。我以为我们全都知道，尽管我们并不知道自己知道。但我做起成长和做人的重大游戏时，却忘掉了这一点。的确，我必须忘掉它才能做这个游戏。生活的巨大讽刺之一是：最不必理解其意义的事物，反而是能被最自然、最不费力地理解的事物。长跑时，我能听见一个我永远不能复返的童年的低语，听见一个我永远不可能回去的家的低语。在这些低语中，在长跑的喧嚣和低语里，存在着一些瞬间，我在其中再次理解了自己以前理解的东西。

　　一些思想出现在印出来的书页上，但它们是一种生活的回声——那是一口巨钟的回声，在远方徐徐鸣响。但是，那回声不是简单地回响它发出的洪亮声音，而总是发生着微妙的变化：它总是在变化，因为生活总是在继续。这是思想在一种生活中发生的多普勒频移；是有活力的思想的变化，并不仅仅是思想。我渐渐懂得了：一本关于跑步的书必须具备跑步的结构；若不如此，构成这本书的思想就完全不得其所，因而也就毫无意义。跑步是一种无分化的[①]活动。每个瞬间——长跑中的每一步，手臂的每次摆动——都自然而然地汇入下一个瞬间。构成这本书的思想也是如此。跑步不停，它们就永远流动，永不停息，永不稳定，一直都在变化、移动。

从某些方面说，本书的分章只是表面上的。各章都是围绕跑步组织起来的，包括我生活中的一些零散细节，还有与我同跑的人的生活。但是，那些赋予这些跑步生机的思想却在流动。从思想的角度看（若不说从生活的角度看的话），每一章都始于前一章的结尾——尽管它们描述的那些跑步之间相隔很多年。我以为已被我抛在身后数英里尘埃中的思想、以往的岁月，一直都在以略有变化的新形式再现出来。其逻辑是：它们仍然存在，只是它们的存在不同于腿和手臂的存在，后者驱动人们朝着路标指引的方向奔跑。这本书并未按照逻辑论证的应有方式展开，并未提出一些能切实、有效、果断地引出结论的前提。相反，本书是某个奋力跑步者的记录（例如我的许多次跑步，往往都是缓慢而痛苦的），朝着一个结论的大方向跑步。我最终会跑到那里。但这种跑步中仍有许多死路和死巷。有时，即使有真能通向某个地方的路，我也不得不反复跑上多次，才会知道它们通向何处。本书中若有重复的叙述，我要为此致歉。其实，（跑步的）路线总会略有改变，无论是沿途风景还是目的地，都一直有所改变，而这是跑步中最重要的情况之一。跑步总能把我

[①] 精神分析学术语，此处指（跑步的过程）没有明显的阶段性。

们带回家，回到我们的起点。但我们有时若跑得太远，家就会变形。本书末尾也是本书的开头。不过，这本书若是发挥了作用，那么其开头便会被大大改变。

我有时想，跑步也许是这样一个地方：我在这里向人们讲述我的历史。在跑步这个地方，我真的站在了巨人们的肩上——或更恰当地说，我跑在了比我更老、更好的思想家们观念的气流中。在跑步这个地方，我了解了一些事情，却似乎忘记了它们，那些事情长年湮没在了生活琐事和无聊的生活中，但再次有了这样的一刻：它们出现在意识舞台上，趾高气扬地撅起嘴，对我抗议说：你为什么把我忘了？它们登上这个舞台，又走下这个舞台，什么都没变，又什么都变了。我对此几乎无话可说。跑步是个让我记住的地方。最重要的是：在这个地方，我不但想起了别人的思想，也想起了我（上辈子）曾经知道、后来却在我成长做人的过程中被迫忘掉的某种东西。我知道这个情况，尽管我不知道自己知道，在这方面，我也像其他每个人一样。跑步是一个使人记住的地方。正是在这个地方，我们找到了跑步的意义。

目 录

1. 起跑线　　　　　　　　　　001
2. 石山　　　　　　　　　　　034
3. 天生会跑　　　　　　　　　059
4. 美国梦　　　　　　　　　　083
5. 伊甸园的蛇　　　　　　　　108
6. 迪格大堤　　　　　　　　　141
7. 自由的边陲　　　　　　　　163
8. 众神、哲学家、运动员　　　190

鸣谢　　　　　　　　　　　　217

1. 起跑线

2011 年

　　起跑有多种方式，每一种都令人厌恶。距黎明还有大约一个小时。黎明前的那一个小时里，我站在珊瑚阁（Corral Gables）①，突然发现自己挤在了大约两万人当中。离我最近的人，似乎都是清一色 70 岁以上的人，个个热情高涨。这些老妪老翁包围着我，心中沸腾着兴奋的预期，想象着他们期盼的长跑的分分秒秒。我有点儿失望。20 世纪 50 年代捷克著名长跑家埃米尔·扎托佩克（Emil Zátopek）说过："你若想跑，就去跑一英里。但你若想体验另一种生活，就去跑马拉松吧。"我不太了解马拉松，我从没跑过。但我为跑马拉松而做的训练，却往往能勾勒出生活的大轮廓，这的确让我震惊：给人希望、却基本属于误导的起跑——然后一路下坡。从此处到终点线

---

① 美国佛罗里达州迈阿密沿海城市，又译科勒尔盖布尔斯。

大约要跑 52 000 步，我根本不知道我跑完这 100 步以后还能继续跑几步。

那次长跑进行得很顺利。我的确还清楚地记得，我没完没了地对我妻子讲述我怎样一心准备我的第一次马拉松，让她终于忍无可忍。马拉松确实并不那么难跑。只要重视，很多人都能跑马拉松。但很多人却太过聪明，不愿重视马拉松。你若每周跑过 20 英里左右，例如每周跑四次，每次五英里，那么你只要再用大约四个月，就能跑你的第一次马拉松了。说实话，我开始准备跑马拉松时，甚至还没有跑过那么多。这种准备的基础就是人们所说的"长跑"。长跑大多在周末进行。其他时间则留给较快、距离较短的跑步。开始时，我每周做三次短途跑，每次四英里。短途跑总不会为时太久——我的训练进入了高潮。我每周做三次短途跑，分别跑六英里、八英里和六英里。

其实，马拉松训练的关键是长跑。长跑中，你把速度减慢到一定程度，以使你能够交谈。或者说，若有人与你同跑，减速到能使你跟他交谈。我只跟我的狗——雨果同跑，但它不是最健谈的家伙。依我看，这个速度就是每小时跑五英里多一点儿。然后一直保持这个速度，你跑步的距离就能逐渐增加，一周一周地增加，一英里一英里地增加。我训练过程中的第一次长跑（也是不大体面的一次），只是可怜巴巴的六英里。我自辩说，当时的迈阿密正值 9 月，气温是华氏 90 多度①，而湿度仿佛使气温比实际温度热 10 度。在高温、高湿的条件下，从未长跑过的人会因长跑比想象的更难而心怀恐惧。我知道我当时就是如此。仅仅为了使自己在这种条件下保持冷静，心脏和肺就必须更努力地运作。有时，我会发现自己在大口吸气，就像刚跑完一连串短跑。但我跑步的距离慢慢增加了——每周增加一英里左右。我认为那并不像听上去那么容易。每一周，多跑的那一英里都几乎要了我的命。我若能跑就跑完它；实在没别的办法，就走完它。关键全在于靠我的双脚不断前进。到 2010 年 12 月初，我已经能跑 20 英里了——对我这种从未跑过马拉松的人来说，长跑的距离其实从未超过 20 英里。我的这种状态固定了下来。

离马拉松赛还有两个月，所以我做了在这些情况下常做的事情：我打破了自己的基本原则。当初决定参加那次比赛时，我曾毫不含糊地对自己说：我根本不该在乎比赛用时多少。这是我第一次参加马拉松比赛，我的目标只是好歹跑完 26.2 英里而不死掉。我对自己说："马克，无论做什么，你都要全力以赴。你不再年轻——不到两年，你就进入伟大的 50 周岁了。你的目标只是跑完它，别沉湎于其他任何事情。"到了 12 月，我跑完 20 英里已不太困难，因此我开始思索。比赛日之前，我能给这些长跑再增加五六英里，甚至能在最后几周的训练中缩短用时。我真的能设法缩短用时。我不但能跑完这个比赛，而且能让我的用时显得体面一些。我的用时也许达不到

---

① 约为 32.2 摄氏度。

四个小时，但绝对能达到四个半小时，而用时四小时 15 分钟也并非不可能。因此，我就想到了许多对策，但打败我的，却正是我那种不合时宜的雄心。我要求我的身体以更少的时间跑完这段附加的距离，而我的身体却放弃了。

事情是这样的：我的小腿肌肉（腓肠肌）发生了二级拉伤，感觉就像有人用棍子重击了小腿肚。我知道出了问题。这使我大大倒退了——我好像退到了 20 世纪 90 年代中期。对我这个年龄的人来说，这种小腿肌肉拉伤的康复时间通常是六周多。若事实表明患者毫无耐心（我就是很没耐心的患者），康复期就会相应延长。因此我用超乎寻常的顺从态度应对这次肌肉拉伤，至少最初是如此。我接受了康复治疗，消除了疤痕组织，进行了我的教练吩咐我做的所有锻炼。然而就在我开始好转时，我失去了全部耐心，我开始试着跑步。刚跑了几百码，我的小腿肌肉又拉伤了，又回到了原点。这种情况发生了几次。因此我最终什么都不能做了，只能彻底休息。那次拉伤是在 2010 年 12 月 4 日。现在是 2011 年 1 月 30 日。我正站在迈阿密马拉松比赛的起跑线上，而我认为更有意义的是，这是我第一次跑马拉松，到那时，我已有两个月不能跑步了。

因此，像人们说的那样，我有点儿"欠火候"——这也许是委婉的说法。直到周五吃午餐之前，你若问我是否打算去跑，我都会告诉你说"不"，或用语气更重的其他说法表达出这个意思。我认为，我当时几乎算是实话实说了。这么说是正式表态，我不但用它应对别人，而且更重要的是，我也用它应对我的理性思维。但我身上也有渺小、卑鄙、非理性的部分，其影响很大，所以我便知道，我一定会发现自己站在这次比赛的起跑线上。因此，我发现自己在周五下午开车去了迈阿密海滩会议中心，去取我的比赛用具，我并不感到特别惊讶。当然，我还是不得不应对我的理性部分。我对它说："我应该留出选择的余地。"我的理性部分回答说："就为了这个，你买了小腿护套，还问你在会议中心见到的每一个跑步者：若是大大缺少训练，怎样去跑马拉松，是吗？"这就是我的理性部分：它有时有点儿鄙视我。不过，虽说有大量反证，我今晨 4 点慢慢爬上火车时，还是觉得自己在不停地说"我应该留出选择的余地"这句话。但现在似乎已经没有时间做选择了。也许我该多听听我理性部分的意见。我本来完全可以避免现在这个处境。

鉴于近几周发生的事情，最可能发生的情节就是：我的小腿肚又拉伤了，因此我连麦克阿瑟堤道（MacArthur Causeway）[①] 都跑不下来。我认为，这会让我有点儿丢脸——我的惨败会展示在从我身边跑过的几千人面前。可是，假如没发生那种事，假如我的小腿肌肉能跟全身肌肉协力，又会怎样呢？那么，问题就是：它能坚持多久？能一直坚持到我希望它失灵吗？我不完全肯定我将变成什么样子，但我认为结果不会好。我将能跑多远？我毕竟可以把那一天

[①] 迈阿密市区与迈阿密南滩之间的公路，全长 3.5 英里（5.6 公里），建于 1920 年。

称为"半程马拉松"的标志。但我能跑到半程那么远吗?那会多么痛苦?

还有用时问题。我若真的跑完了全程,会用多长时间?这和自尊无关。好吧,我若实话实说,我想它也许和自尊有点儿关系;不过,且把虚荣心放在一边,你在迈阿密马拉松比赛中绝对不想做的事,就是把你的宝贵时间花在那上面。很多城市举办马拉松,都要分级重新开通道路,迈阿密的这次马拉松也是如此。如果可能,你便会想赶在道路重开以前跑完比赛。六个小时以后,所有的路都将重新开通。为了完成比赛,跑步者不得不在车流中奔跑穿行,而这不但伤害了跑步者的感情,还绝对是危险的。我去过很多国家,那儿的司机们显然是疯了。我想到了希腊和法国。但在那些国家,人们对车辆的恐惧多少是可以预料的。在那里待上一阵子以后,你多少都能预料到哪种情况下会发生愚蠢的冒险。待上一阵子以后,这种状况便完全令人厌烦并习以为常了。但在迈阿密,与道路有关的事情,没有一件是可预料的。迈阿密没有值得一提的公共交通。正如作家戴夫·巴里(Dave Barry)所说,这座城市的高架单轨铁路在普通迈阿密人的生活里的意义,就像一颗偶尔掠过人们眼角的流星。人人都开车。所以,才有了这场由各色人等参加的比赛,从参赛的男孩到狂欢作乐的商人,到靠服用大量药物的百岁老人。谁都不确定哪个交叉路口会出什么事。他们当中相当多的人都有武器,因此似乎都喜欢发点儿脾气,尤其是那些服药的百岁老人,规劝是一种危险的游戏。

昨天，我在YouTube上搜索我跑步的视频时，发现了一段去年那次比赛的录像，遗憾的是，其标题并不准确："卑鄙的迈阿密司机朝马拉松赛跑者摁喇叭"。拉伤小腿肌肉的耻辱，一场被拖延、令人痛苦的比赛，车辆造成的死亡，这些意味着失望、痛苦或死亡——扎托佩克的话也许是对的。这当然会令人厌恶。我感到了一种奇特的刺痛，那是我很长一段时期以来都不曾产生过的感觉。那是害怕吗？也许有点儿夸大其词。不妨说，我的神经紧张了。但这并不完全令人不悦。

我为什么参加赛跑？这个问题不易回答，而为了避免回答它，人们这样问我时，我很乐于用陈词滥调作答，说："因为我喜欢。"从"喜欢"这个词的某种意义上说，我喜欢训练，喜欢训练的过程，我喜欢赛前几分钟的焦虑不安。我喜欢一种感觉，那就是我咬下来的比我能嚼的多；我喜欢那种不知道接下来会发生什么的不确定性。从这个词的某种意义上说，我甚至喜欢即将发生的事。因此，"喜欢"这个回答就包含着几分真实。但是，那几分真实并不特别能说明问题——它不是高深人士所理解的那种真实，而只能引来进一步的盘问：我为什么喜欢这些事情？我会补充说："我快50岁了，现在若不做这些事，也许就再也做不成了。活了一辈子，却没跑过一次马拉松，这是耻辱。"我认为这肯定是一部分理由，但它也只是一个落入俗套的回答，像第一个回答一样，也容易遭到同样的反驳。活了一辈子却没跑过马拉松，我究竟为什么认为这是耻辱？我想，真正的理由更难以确定，更不用说解释了。但是首先，对我那些理由，许多人似乎都有自己的看法；其次，他们那些看法取决于他们生活在哪里——具体地说，取决于生活在大西洋的哪一边。

我想，美国人思考跑步（以及延伸地说，思考今天要做的事）有一种独特的方式。美国人写的关于跑步的书，几乎总是围绕某些明确的主题展开论述。我这么说，绝不表示我看不起他们。这些书我读过不少——从迪恩·卡尔内兹（Dean Karnazes）令人鼓舞的《超长距离马拉松跑步者》(*Ultramarathon Man*)，到克里斯托弗·麦克杜格尔（Christopher McDougall）令人惊叹的《天生会跑》(*Born to Run*)，再到贝恩德·海因里希（我应当把他看作名义上的美国人，因为他一生大部分时间都生活在美国）的力作《我们为什么奔跑》(*Why We Run*)，以及其他很多书。但是，即使这些书完全堪称佳作，其共同主题仍然是事件，而这恰恰使这些书成了典型的美国书。

其主题之一是一种坚定无畏的、开拓者的乐观主义。你能做成大事。人人都具备这种能力。你每一天都比前一天好；只要你用心，任何事情都在你的掌握中。当然，这种乐观主义是一种半普遍存在的美国生活准则。我很喜欢这个信念，也在很多美国人身上见到了它的表现，那些表现令人感动，又是真心实意的。唯一的问题是，我非常清楚那不是真的。大多数人都控制不了大部分事情。生活的一条颠扑不破的真理是我们越来越糟。你也许能做成大事。也许你今天还能如此。你昨天也许成功地完成了残酷无比的超长距离马拉松赛——恶水超级马拉松、莱德维尔马拉松、撒哈拉马拉松之类的比赛。我不知道。但我确实知道你越来越糟。你若能做成大事，那么你做不成的时刻就快到了。

另一个主题是重视信仰。信仰能支撑你挺过赛跑途中将要面对的、不可避免的艰难时刻。不用说，信仰是美国生活的基石。信仰使我们强大，有了信仰，我们才会有最佳表现。但是，我（一个心灵蒙着阴影的欧洲人，躲在正准备起跑的人们当中）却认为：相反，我们失去信仰时，我们才有最佳表现。可以说，这其实是我先前写的那本书《哲学家与狼》(The Philosopher and the Wolf) 传达的主要信息。失去信仰，恰恰是使人更强大的机会。我最终相信：我们用来忍受生活的、唯一还算有价值的态度，就是挑战。当然，这最终不会造成任何区别：无论我们做什么，我们的结局都会很糟——若不是如此，我们的挑战当然分明是放错了地方。公正地说，与欧洲和世界其他地方快速增长的销量相比，《哲学家与狼》在美国销量的增长，可以说是"慢慢腾腾"——几乎可以肯定，这个说法也能用于形容今天我在比赛里取得的所有进展。对我能完成这场比赛，甚至对我能在比赛中跑得很远，我都毫无信心——对我来说，这就是马拉松比赛的一部分。你了解某事，或强烈怀疑自己能做成它

（无论是依靠信仰还是依靠其他任何手段），却偏去做那件事，这有什么意义呢？说实话，我想：正是我的怀疑（怀疑自己无望完成比赛），才最让今天的我分心。

最后，关于跑步的美国书籍还很重视工作的正面价值。可以分辨出这个思想的两个不同成分。有些人似乎认为，工作本身能使人高尚；另一些人则把工作的价值与工作能使你抓住梦想（即望见"乐观主义"的第一个海滩）联系起来。但我那种欧洲人的抑郁精神却告诉我，工作本身根本不能使人高尚：做你本来不必去做的工作，这是愚蠢，而不是使自己高尚。没有任何证据表明，努力工作与实现梦想之间存在可靠的联系。我对自己说，没有任何好事来自工作。从最好的、最有价值的意义上说，跑步是游戏，不是工作。这是我从跑步中真正悟出的道理之一。

乐观主义、信仰和工作，这三样东西，我一样也不要。显然，我是个没有信仰的悲观主义者，认为努力工作毫无价值。他们给了我绿卡，让我有些意外。

我参加这次马拉松比赛，是因为我没了信仰。这也许是迈向真理的第一步吧。想象一个没牙的干瘪老头，还得了阿尔茨海默症（老年痴呆症），正在找他已经戴在头上的帽子。这就是我弟弟1993年送给我父亲的"本周化石"（Fossil of the Week）[①] 的传统生日贺

[①] 这是美国加州综合新闻网站 Before It's News 专栏的名称，发布有关考古的消息、图像和述评。

卡，这也许是对我们家族传统的尊崇吧，那个传统就是互赠侮辱性的、最好是令人痛苦的生日贺卡。我们花了大量时间、努力和心思，寻找自己想要的贺卡。重要的是思想。

我对这个传统的最明显贡献，也许是 2007 年我送给弟弟的 40 岁生日贺卡。贺卡上画了一群野营旅行的童子军男孩。一个男孩正在讲吓人的故事，像传统所说的那样，抵在他下巴上的手电筒照亮了他的脸。听故事的孩子们显得很恐惧，很怀疑。我们看重的正是这一小段故事："后来，你们的鼻子和耳朵里就长出毛来了！"贺卡传达的信息是：有些恐怖故事是真的。

我 48 岁生日的前几天，就是我站在这条马拉松比赛起跑线的几个月前，我收到了一张珍贵的贺卡：两只蝙蝠倒挂在树上（这是那张贺卡上主要的视觉图像），其中一只对另一只说：

"你知道老年最让我害怕的是什么吗？"

"不知道。是什么？"

"不能自制。"

宗教的功用，就是通过编造一个无关紧要的谎言，使我们觉得好受一点。哲学的功用，以及一张精心挑选的生日贺卡的功用，就是通过揭示真理使我们觉得更难受。真理不容怀疑，因此我们的处境就更糟。

大约在这张贺卡跨过大西洋朝我飞来时，我问我的全科医生："你说的痛风是什么意思？"

大约一周前,我半夜醒来,发现左脚大趾很僵硬。第二天早上走路时,那个脚趾很疼。后来它越来越疼,越来越疼。没过几天,我的整只脚都肿了起来,剧痛难忍,穿不上鞋。我光着脚,一瘸一拐地来到医生的诊室,看看究竟是怎么回事。我提的问题很简单,其答案虽说意在骗我,却透露了实情;问题不在于答案的言词,而在于它说明的情况。

"噢,看上去确实像痛风。不通过验血查出你的血尿酸水平,就不能确诊。"

"我没有痛风。上了岁数的、超重的人才会得痛风。"

"哦,肥胖症和高血压的确会提高你患痛风的危险,可它们不是痛风的必要前提条件。"

"可是痛风!那是亨利八世才会得的病啊——他的日常饮食是鹅腿和大量红酒之类。你知道我是素食主义者。"

"啊,对,肉和鱼那样的高嘌呤饮食,确实会增加患痛风的危险。有意思的是,你是个素食主义者。你常喝酒吗?"

"常喝酒,我吗?嗯……你知道,圣诞节期间喝一点干雪利酒。你看,我是作家,我认为我严格地限制自己喝酒。我说的是实话。对,我在少年时期就不喝酒,但仅仅是那个时期。等男孩子们一来,我就不能不喝了。你知道,他们绝不会放过我。我早晨醒来后若是有点头晕,他们就会嗅出我的弱点,就像鲨鱼闻到了血腥味。对我来说,那将是个极为漫长的一天。这太没有意义了。等男孩子们都去睡了，我吃晚餐时才喝一两杯红酒，但也仅此而已。我有时喝三杯，有时喝一杯，但从没超过三杯。"

"啊，厌恶疗法，有意思。你每晚都这样吗？"

"嗯……你知道，很多晚上都是这样，除非我外出什么的——我必须开车，所以当然不喝酒，但我外出的次数不多。"

"研究表明，将近半数的痛风发作都涉及酒精消费。"

"所以我必须戒酒？"

"不，根本不必做得那么极端。但你有时可以一两个晚上不喝，让你的肝脏休息休息。"

"好吧，这并不显得不合理，大夫。可是，你真的认为这是痛风吗？"

"哦，它也许是别的什么病。你这个大脚趾以前受过伤，脱过臼吗？"

"有过，你现在一提，我好像想起来了，它一年前脱过臼，当时我在练空手道。"

"啊，那真倒霉。关节若有损伤，就可能发展成骨关节炎。你不愿意得的病。那太糟糕了。痛风比较好办。还有一种可能，就是疲劳性骨折。你说过你跑步？"

"对，但并不是最近才开始的。有时候，我每周跑40英里，就是20公里长跑，差不多是那样。但是那些都是过去——至少在迈阿密不这么跑了。我很讨厌在这儿跑：太热、太潮湿、太累人，何况还会时刻受到蚊子的攻击。不过,我的确有一只缺少锻炼的小狗。所以很多时候我们都会跑上几英里,但绝不剧烈。我不跑马拉松之类的比赛。"

"我看还有一种极小的可能性,那就是疲劳性骨折,那会非常不幸——很难根治。不过我真的不这么看。来这儿看疲劳性骨折的,通常都是二十几岁的人。它确实很像痛风。所以,我要做的就是给你的关节注射可的松。它能治好你的病。"

"它会伤害我吗?"

他笑道:"它会大大伤害你。"

它真的伤害了我。但这话当然是开玩笑。可的松的疗效很好。

维基百科告诉我,痛风是尿酸结晶累积于关节造成的。尿酸来自尿素,是蛋白质被破坏的副产品。你的肝脏若不能正常工作,它就不能及时地从血液里排出尿素,因此会形成尿酸结晶。这些结晶集中于一些关节,最常见的是集中于大脚趾根部的关节,免疫系统会把它们当作异体物质。于是这种混乱就会使痛风发作。

但这并不重要。在这本关于我从老至死全过程的书中,这短短一章里真正具有启发性的是它揭示的一个假设。我的生命已到达了这样一个点:在这个点上,痛风是最好的症状,痛风应当是我希望得的病。所以说,我第一次去医生诊室时,再一次认识到了人生的可怕性,就像我一定会认识到这一点似的。头一天你还为跑了20英里而高兴，第二天你却因为痛风而绞紧了手指。

第二天，我报名参加了荷兰国际集团主办的2011年迈阿密马拉松赛，进入了一个严格的训练营——这是我新策略的一部分，意在向我正在衰退的身体表明孰为其主。几个月后，就在我知道了我的小腿肌肉开始抗议前后，我得知了验血的结果。我的血尿酸水平正常。几乎可以肯定，我疼痛的大脚趾不是痛风。一件似乎远不可能成为病因的事情，其实就是我为使雨果高兴而陪着它跑。因此我显然是为了解决跑步造成的问题，加大了跑步的强度。从这个意义上说，我加入马拉松跑就是对自己的深深嘲弄。

但是，大脚趾疼只是一种症状，是一种更普遍衰退的轻微表现。一些恐怖故事的确是真的。哪个年轻人不会被他们更年轻时的自我厌恶？他们的生活最初是一个充满希望的起点，然后是短短几年的平安幸福，生命活力在其间迅猛发展，但并不持久，接着就是身体和智力一路下坡。有生必有死，这是人们通常的想法。死是生命的结束，所以不是生命的一部分。正如维特根斯坦（Wittgenstein）所言，"死不是我生命中的事件"。我认为这个事实有些复杂。

首先，我并不认为生与死是两回事，而是更多地把生死看作一个从这个世界逐渐消失的过程。从根本上说，生命就是一个删除的过程。最初我满怀希望，而二三十年以后，事实却证明，生命本质上是不真实的，我慢慢变得越来越不是原先的自己了。在这个过程中，死亡是公认的重点——它是我消失过程中一个后期的、不可逆转的阶段。但这个删除过程并未就此停止。这个过程并不满足于毁坏我，而仍在缓缓地继续，直到我可能留下的每一个痕迹、我来过这个世界的每一个标志，都被抹得一干二净。因此我才不用大致的二分法，即生与死，去看这个问题，而喜欢用大致的三分法去看待它：衰退＋死亡＋删除＝消失。

相反，以为死亡是未来能被安全地封锁起来的事件，这是个错误。死神没有耐心，在大幕落下之前，一直都在微露其容。它们就像一些小宝石，其出现频度和透明度都在渐渐增加。匈牙利现象学家阿雷尔·柯尔奈（Aurel Kolnai，他是杰出的，也许正因为杰出才被遗忘）[①] 指出：一切厌恶的基础就是生命中的死亡。我们的衰老，其实就是死亡在以各种方式偷袭我们，让我们大致预览一下未来将要发生的事。我假性痛风的大脚趾就像一个肿胀、腐烂的死肢。我二十多岁时的结实身体渐渐变得绵软松弛了，就像盐罐中浸泡过久的橘子。毛发从我身体的各个部位长了出来，而我本该想到，我身体的某些部位根本不该长毛。这些都是真菌伺机致病的领地，它们把这个熟透的橘子当成自己的家。我的死亡很喜欢以这三种方式和其他一些方式，在剧终之前很早就把自己展示出来。

这些小宝石对我的影响，也许至多就是个苦笑。我会告诉自己：

---

① 匈牙利哲学家、政治理论家。

死神没有幽默感。朱利安·巴恩斯（Julian Barnes）①讲过一个故事：一个退伍老兵被生活折磨得疲惫不堪，去见他以前的统帅恺撒，请恺撒准许他结束自己的生命。恺撒问道："是什么使你认为你的现状就是人生？"恺撒也有幽默感，但不是好的幽默感。他无疑有几分残忍，有几分草率。但我们现在都知道，一个绝望者在其生物学生命结束之前是什么状况。这是我反复感到的一种恐惧。我见过不少人在生命最后几年的状况，所以知道他们表现出的恐惧和困惑之甚。走向死亡，就是渐渐地、持续地变得无家可归。当年，我濒死的祖母在她住的养老院里对我说过："我现在只想回家。"因此我想，日后我也会告诉某个陌生人说："我现在只想回家。"可是，这未来却没有家。用不了多久，我甚至会想不起家是什么。

所以，我跑这次马拉松也许是因为一些恐怖的故事是真的。我的一部分身体喜欢这个解释。它伴随着一种给人安慰的熟悉感，甚至是乡愁。际遇使我在英国以外度过了成年的大部分时光，但我仍是英国人，认同一个古老的传统：从事一种别人也从事的活动，再想办法贬低它——最好是诋毁从事该活动的人的动机或性格。我因这个传统的文化形式而欣赏它，哪怕我这个人的动机或性格会因此遭到诋毁。我现在知道我为什么要跑这次马拉松了。老兄，这是中年危机。

不过，我这种业余爱好却远非绝无仅有。我是一种迅速增长的

---

① 英国小说家，著有11部长篇小说和4部侦探小说。

文化现象的一部分,那就是:40多岁的人迷恋于检验他(或她)的耐力极限。我在这方面的努力少得令自己尴尬。忘掉马拉松吧,到处都涌现出超长距离跑——50英里、100英里或更长距离的赛跑。最难跑的也许是恶水超级马拉松了。它是135英里赛跑,包括了加利福尼亚州大部分地区:从位于海平面以下282英尺的死谷起跑,结束于惠特尼山入口,比起点高8 642英尺——惠特尼山径,加利福尼亚州最高的山。在赛跑的最初几个阶段,气温会达到130华氏度(54~55℃)。你若在那个温度下吸气,似乎就会被烤干。柏油路面热极了,你的鞋会融化,因此你不得不在路边的白线上跑——这会凉快一点儿,因为白线能反射热气。还有撒哈拉马拉松,撒哈拉沙漠中的赛跑,为时6天,全程151英里。赛跑者必须带上抗蛇毒血清注射针头,因为一路都遍布着大量的蛇。或者,你若讨厌酷热,还有硬岩马拉松比赛——海拔14 000英尺的科罗拉多州落基山脉上的100英里赛跑——这个比赛缓慢而困难,要跑上和跑下陡得令人难以置信的山坡,其间最主要的医疗问题包括高纬度脑水肿。许多人用40多个小时跑完了比赛,而这意味着——除了要在黎明前起跑——他们在比赛过程中会见到三次日出。还有莱德维尔马拉松——海拔14 000英尺的科罗拉多州落基山脉上的另一项100英里赛跑,环绕美国海拔最高的城市——其完成率低于硬岩马拉松比赛。

我必须承认,我一直热衷于那些比赛。它们都是可怕的怪物,我可能永远征服不了。但是,我的小腿肌肉若康复了,下半年我一定会觊觎一些比较容易完成的50英里赛跑。我们这种反常的耐力，是否来自中年危机呢？是否常常是为了（就像漫画里画的那样，至少是对男人而言）年轻得不像话的女人和跑车，如今才有了恶水超级马拉松和撒哈拉马拉松呢？

我想，这个解释若是对的，我们就必须扩大"中年危机"这个概念，使它更专门化，更不分性别。这种"危机"远非男性专有，因为许多女人也像男人一样热衷这种耐力考验。她们把长跑比赛当做能解决这个问题的业余爱好，能和男人一起完成距离大致相等的长跑比赛。显然，没有一个女人会对尤塞恩·博尔特（Usain Bolt）[1] 构成竞争威胁。但赛跑的距离越长，男女之间的差距就越小。安·泰森（Ann Trason）[2] 赢得了100英里极限跑步比赛总冠军，至少她曾经如此。我希望女人也有中年危机。但最主要的问题是，假定"中年危机"这个标签真的能解释一切。

给某个事物贴上标签，这往往是为了在本应努力思考它的时候不思考它。我们必须深入挖掘。什么是"中年危机"？其本质是什么？具体地说，参加硬岩马拉松比赛或撒哈拉马拉松算不算一种中年危机？它与典型的、却已成了老生常谈的"更年轻的女子/跑车"的中年危机有无共同之处？这两种所谓的危机里也许有某种东西，使它们有了共同点。但我若不能准确认定"中年危机"究竟指什么，

---

[1] 牙买加短跑运动员，奥运会短跑比赛冠军。
[2] 美国极限长跑女运动员。

这个标签就毫无意义。

一种思考中年危机的思路，是把它和"成绩"的观念紧连在一起。中年危机，产生于你知道了你的能力正在衰退，因此由于一种永远在增加、也许最终令人尴尬的差距①，你从此注定不能实现你的目标。"更年轻的女子/跑车"的反应是一种尝试，意在重申青年时期实现目标的权威。这就是全部意义吗？

当然，我只能说我自己。但"重申实现目标的权威"这个假定，即跑步完全是为了获得成绩的想法，恰恰不能让我信服。我认为，我从跑步中很快懂得的道理之一就是成绩毫无用处。我一生中的跑步大多与成绩无关——据我所知，的确如此。跑步只是我出于各种不同的理由去做的事。我认为，我参加这场比赛不会引进"成绩"这个因素。但即使在这个时候，这里所说的成绩也是一种五花八门、能削弱自我的东西。我为参加这次马拉松开始训练时，在迈阿密夏末的高温里跑六英里差不多会要了我的命。我慢慢增加跑步的距离。在参加长跑的前一晚，我几乎不能入睡。我急切地跑到公路上，看看我能不能再多跑几英里。但我一这么做，不安感马上代替了满足感。12英里，好吧——但我下周要跑13英里。练长跑，完全在于确定每周的合理目标——你靠努力能达到的目标——再去实现它。这好像是在说"努力工作就会取得成绩"，它是美国梦的一部分。但至少对我来说（我不知道别人怎么看），这是一种非常特殊的"工

---

① 指中年期与青年期能力的差距。

作—成绩"的循环圈。它向人们揭示了一点：一切"工作—成绩"的循环圈都是徒劳的。长跑这种基于目标的成绩，表明了基于目标的成绩的破产。

想象一下，你是个男孩，站在糖果店外，一文不名，盯着你买不起的所有糖果。上帝出现在你身边，说道：

"你知道，孩子，总有一天你会买得起这个店里所有的东西。"

"真的吗，上帝？"

"真的，你知道吗，到你真正买得起的时候，你就不想要什么东西了。孩子，这就是生活！"

我想，任何值得争取的成绩都会以某种方改变你，直到使你不再重视你的成绩。我若靠着某种奇迹，真的完成了这次马拉松比赛，我就要去迈阿密南滩吃一顿早午餐——喝掉满满一桶"莫吉托"鸡尾酒①，以示庆祝。但我敢向你保证：到了吃晚餐的时候，我最初的满足冲动就会被烦躁取代。我的第一个想法可能是：哦，我毕竟跑完了它，而且是在被大大缩减了的训练计划之后——我是说，那种训练会有多难呢？接着我想到了"吉斯 100 英里赛"②，从基拉高岛出发，到基维斯特岛③，时间在 5 月份。我又想到了拟在 2011 年下半年或 2012 年举办的一些极具挑战性的赛事。但其目标不是做成

---

① 一种源于古巴的鸡尾酒，以大量薄荷、青柠、碎冰块和朗姆酒混合而成。
② 一项超长距离马拉松赛（参赛者可以任选 50 英里或 100 英里），从佛罗里达州的基拉高岛出发。
③ 佛罗里达州南部的岛。

事情。那个想法会使你误解一切。我不需要一大堆长跑赛奖状，好让我把它们挂在起居室的墙上；我也不需要奖章或皮带扣，好让那些东西告诉人们：我跑过这个比赛，我跑过那个比赛。那么，知道自己跑完了某个比赛后产生的满足感呢？我甚至也不需要它。至少对我来说，获取成绩就是一个使我的所获不再重要的过程。我跑步不为了任何事情——不是为了获得什么——而是为了让获取成绩的过程改变我。当然，我必须取得成绩，才能让获取成绩的过程改变我。但获得某种东西只是达到目的的手段。我跑步是因为我想被改变。这当然引出了一个问题：怎么去做？

思考中年危机的另一种思路，是把它看作一种找回青年时期自由的尝试。我认为这个观点有一部分是正确的，但至少错在了一个关键方面。长跑与自由有关——我对此深信不疑——但不是青年期的那种自由。传统的中年危机，以耐力为基础的其他形式的危机，都以各自的方式与自由有关。但这两者的不同之处——它们的确有一处关键性的不同——是它们对自由的理解大不相同。

我年轻时参加的快速体育运动中，如橄榄球、板球、拳击和网球，身心的区别最小。那些耐力运动中，投掷物、别人的双手或整个身体都会袭击我，或是故意的，或是恶作剧，身心之间没有区别。在那些日子里，在那些运动中，我就是我那个有生命的躯体。有时，我甚至在做完某个动作之后才知道做了什么。我还记得我打得最好的一场板球赛。我面对的是布里斯托尔①兰斯当板球俱乐部的一个快速投球手。他像是把球发到了背面区。我双脚并拢,想把那个球打回背后外野,但那是个长球,最后出界了。该我开球了,我也不知道自己是向前迈了一步,还是后退了一步,但是我很准确地把球打了出去。球像子弹一样落在了背前野线上。我想,那是我唯一一次成功地打出了完美的斜后方击球,那是板球教科书上最难打的球。那多少有些偶然。一直到做完了那个动作,我才知道自己做了什么。那一刻,我本身和我所做的事情之间毫无区别:我用我的动作体现了我的意念。

17世纪荷兰哲学家巴鲁赫·斯宾诺莎(Baruch Spinoza)认为:自由就是行动与必然相一致。同理,道家也把自由界定为"无为":以不行动为行动。在快速体育运动中,你"全神贯注"时,就是在以不行动为行动。你所做的完全符合情势的要求。你的行动与必然相一致,你做了必须做的。这几乎就是我15岁时无意中做过的事,那时我在板球场上最自由。斯宾诺莎的观点若是正确的,那么,那一刻我也许是再自由不过的了。

典型的中年危机与自由有关,但那是一种特殊的自由,涉及如何逃避成年人生活的种种忧虑,那种生活会慢慢把你碾作尘埃。但这种形式的逃避却想复制青年期的自由。这种自由完全与青春相关,其形式就是更年轻的女子和由跑车体现的速度。这种自由涉及逃避

---

① 英国西部港口城市。

老年期：它涉及复制青年期快速运动的自由。这是一种生命的自由，恶作剧般地朝你袭来。这就是斯宾诺莎的自由，来自行动与必然相一致的自由。长跑体现的自由大为不同，它不是斯宾诺莎的自由，也不是青年期的自由。

斯宾诺莎的自由打破了身与心之别。其实，斯宾诺莎只把心灵和身体看作了同一个事物的两个方面。但在长跑的自由中，身心之别往往被增加，而不是被抹掉。至少对我来说，身心对话总是以同一种方式开始。我为参加这次比赛训练时，长跑的前半期常常是从老文化路开始，从西南152街跑到西南104街。我跑向120街时，常常自言自语地说："我只要跑到104街就行，然后你可以走一会儿。"但是，这个"我"是谁？是什么？这个"你"又是谁？是什么？谁允许谁这么做？受苦的是我的身体，不是我的心灵。心灵常会提出一些鼓励，提供一些鼓舞士气的话，但从根本上说，能使我跑到104街的正是我的身体，不是我的心灵。看上去一定像是我的心灵允许我的身体去跑——我的身心若无区别，又怎能如此呢？这个直觉，促使17世纪哲学家、数学家、现代哲学之父勒内·笛卡尔（René Descartes）开始了思考。

笛卡尔认为，身体（他有意地让身体包括大脑）是一种物体，仅仅在组织细节上有别于其他物体。但头脑，或曰心灵、精神或自我（笛卡尔放心地认为，这些叫法可以互换）却大不相同。头脑是非物质的东西，由不同的物质构成，那些物质遵循的运作规律和原理与物质对象遵循的不同。作为其结论的观点——笛卡尔的（身心）二元论——把我们每一个人都看作两种截然不同的事物的混合体：一个是物质的身体，一个是非物质的头脑。笛卡尔关于头脑的观点很可能不正确。尽管如此，长跑最明显的自由却还是笛卡尔设想的自由，而不是斯宾诺莎设想的自由。脆弱的正是肉体。在长跑中逐渐增加距离，这是头脑的一种能力，即向身体撒谎，并使身体信服。我跑到104街时，必须继续跑。我必须保证我的身体仍然能以我确定的稳定速度，把一只脚放在另一只脚前面。成功的跑步精神有时必定是一种不诚实的精神。耐力的核心是自欺。

跑步的自由所包含的内容，还有很多。某人对自己的身体撒谎，并似乎由此表明了（但也许是错误地表明了）身心之别，笛卡尔所说的这个表现，还只是自由的第一种表现，第一个方面。有待揭示的，还有一种肯定更加有趣的表现：我的一位老友（我们今天将要见面）认为我的那种表现已经够久了。但是，即使不愿支持笛卡尔关于身心关系的总体观点，说青年期的自由抹掉了身心之别，长跑的自由强调了身心之别，这似乎仍然是正确的。斯宾诺莎的自由是青年期的自由。对笛卡尔的自由，我们说些什么呢？我们怎样表述它的特点呢？古罗马哲学家西塞罗（Cicero）说过，做哲学家就是学习如何去死。西塞罗是二元论者，其理论与笛卡尔的二元论大致相同。头脑（或曰精神）是一种非物质实体，肉体死后，它依然活着。西塞罗认为，哲学家知道如何去死，知道怎样跟头脑一起消度时光——西塞罗认为头脑在人体死后仍然活着。长跑者知道怎样跟头脑一起消度时光——无论头脑是否能战胜死亡。长跑不是逃离老年期，而是跑向老年期。长跑远不是危机感的一种表现，而是承认一个人生命中已经达到的那个点。因此，长跑的自由便似乎是年龄的自由。长跑的自由远不是找回青年期的自由，而是宣示一种截然不同的自由，也许是第一次。

我仍在珊瑚阁。我见到了几个男人，都是当地的政治家。此刻，他们正用一个传声很不清楚的扩音器讲话："你们为这次比赛训练了好几个月，你们错过了午餐，你们错过了晚餐，你们错过了一些会议……"是啊，我希望我曾如此。我继续思考一些问题，以使我不再为自己参赛准备不足而忧心：我继续思索中年危机，思索跑步的理由，它们能解释我为什么非参赛不可。我认为，长跑体现了一种自由，但不是青年期体现的那种自由，至少不是我的青年期体现的。因此，长跑便几乎不是为了找回青年期的自由。不过，"找回自由"这个思想中还是有某种东西，其正确性和重要性震动了我。我想到，长跑涉及尝试找回我青年期的某种东西。但我又想到，长跑想找回的并非自由，它想找回的是知识。这就是我一直都在设法确认的那种转变。

从前，我知道某件事，后来在成长过程中把它忘了。我不但忘了它，而且必须忘了它——遗忘是做人这个伟大游戏的一部分。我以前懂得价值。当然，我那时并不知道我懂得，但我毕竟懂得。我陷入了成长的游戏之后，起初并不知道这种"遗忘"中让我损失了什么。但我慢慢地感觉到了这个损失，后来也品尝到了它：先是一种骨头里的刺痛，接着是一种血液里的酸痛。长跑带回了我曾一度懂得的事物。

很多不是哲学家的人认为，哲学家大多都用很多时间思考生活的意义。但这恰恰是哲学家们不做（或不再做）的事情，而这是历史性讽刺的又一个例子，三百年来的哲学发展史上，经常出现这种讽刺。在比较安稳的时代，我们哲学家当中的一些人也许思考过这个问题，但我们往往是私下里思考。生活的意义，那是在比较简单的时代思考的事情。我们已经大大超出了那种思考。我们现在花时间思考的事情，任何没受过长期正规哲学训练的人都不可能理解。换言之，哲学被专业化了：这是把群氓挡在哲学门外的一种方式。正如英国小说家朱利安·巴恩斯（Julian Barnes）所说，一旦涉及我们自己的现实生活，我们就都是业余爱好者。因此生活的意义这个问题便被抛弃了，这也许是因为缺少某种专业主义，在使哲学成为一门成熟学科的道路上，哲学家们一直都力图实行专业主义。我并不是在支持此类说法中的任何一种，远非如此，我只是记录了它们。值得庆幸的是，以往十多年里，我感觉到了人们的态度正在转变，这个问题已不再一定是禁忌，即使对大多数地地道道的专业人士来说，也是如此。不过，这种情况已经存在很长时间了。

句子有意义，生活不是句子，因此生活没有意义。从前，哲学家们烦透了哲学的时候,便开始痛恨它,并设法摆脱哲学的问题,而不是解决它们。这些哲学家认为,"生活不是句子"这个命题十分重要。但实际上,某个人问"生活的意义是什么?",他当然并不真的认为生活具有一个句子所表达的那种意义。问"生活的意义是什么?",这是一种提出另一个问题的方式:生活中什么重要?关于意义的问题就是关于重要性的问题。它指的不是语义内容,而是重要性。生活中什么是有价值的?是什么使生活值得去过?我该怎样生活?这是在用另一种方式提问,其假设是,我的生活方式应当反映我认为生活中重要的东西。

"生活的意义是什么?"这句问话暗示了一点:我们想找出一种能回答这个问题的事物,找出一个奇迹般的真理,从它的角度看,一切都有意义。但我们若换个形式提出这个问题:"生活中什么重要?"这个假设就消失了。虚无主义者会回答说:什么都不重要。但我认为,真正自信的虚无主义者为数寥寥。一种更看似有理的回答是:生活中有很多重要的东西。生活中究竟什么比较重要,这也许因人而异。但这引出了另一个问题。某个事物为什么重要——无论对你、对我或其他人都重要?什么是价值?说某个事物有价值,这是什么意思?这只是一种提问的方式。

这些问题就是难点。哪怕只是看到有问题,也就有了哲学的难点和困难。对此的回答是:它们是一堆乱七八糟的东西。它们极少是复杂得不可言喻的(或刁钻的)困难。相反,维特根斯坦曾说:

你一旦说出了关于哲学真理的问题，它们就再明显不过，乃至任何人都不会怀疑它们。我认为，这个说法在一定程度上是正确的。但是它们的平凡根本不会使人们理解它们，这是回答哲学问题时发生的最奇怪的事情。要理解一个哲学回答，你必须知道怎样靠你自己去解释它。为此，你需要看看它来自何处，需要理解该答案要回答的那个问题的力量和紧迫性，需要理解这个问题的另一些答案的引诱力，并且也许会在某一点上屈服于其中一个或多个答案。在这方面，哲学的回答完全不同于人类知识或考察的其他任何领域的回答。例如，若有人告诉我 $E=mc^2$，我也许会说："多谢，我现在知道了物体包含的能量是其质量乘以光速的平方。"要理解它，我不必知道这个方程式是怎么来的——我很幸运，因为我对它一无所知。哲学的回答与此不同。你若不知道怎样解释它们，就不能真正地理解它们。

哲学问题若是关于人生的——关于人生中什么是重要的或有价值的——你就必须在你的人生中去感受这个问题的力量和紧迫性。对这些问题的其他一些解答的引诱力，对这些引诱力的屈服，这些都是你在你的生活中感觉到的和做过的事情，从本质上说，它们不在你的头脑里。你若感觉不到人生中的意义的问题——人生中的价值的问题——便不能理解任何可能的答案。

在这个回答中，最终发现的并不是我们的心智。我们能够理解其价值的，正是我们的血和骨头。唯有去生活，你才能感觉到人生意义这个问题。通过生活，你会渐渐理解你在生活中将会遇到的事。你不是仅仅从智力上理解这一点，你用五脏去感觉它、品味它，感到它是一种骨头里的刺痛和血液里的酸痛。对"生活中什么是有价值的"这个问题的回答，会告诉我们是什么拯救了今生——是什么使生活值得去过。要理解人生中的拯救，你就必须准确地理解把人生从什么当中拯救出来。你感到你正在变老时，感到你的血液变稀、变凉时，感到你的体力和智力开始下滑时，你就会理解这种拯救。若说生活有意义，那种意义就是阿尔贝·加缪（Albert Camus）所说的某种"值得其所带来的麻烦"的事物造就的。正因如此，生活的意义（或生活中的价值）这个问题，才成了历来最重要的问题。

在柏拉图的对话《美诺篇》（*The Meno*）中，柏拉图教给了一个名叫美诺的奴隶男孩欧几里得几何学的一些定理。柏拉图指出，他并没教给那个男孩任何新东西，而只是帮那个孩子回忆以前知道、但被忘了的东西。柏拉图说，我们都生来具备这种知识，但因为出生的痛苦经历而把它忘了。他用"回忆"这个词表示这种回忆以往所知的过程。柏拉图认为，"回忆"的概念与毕达哥拉斯关于"轮回"的思想有关，我当然不相信那个说法。不过我想，逐步忘记一些最重要的真理，这种情况倒是真的。这种遗忘并不发生在我们出生之时，而发生在我们的成长过程中。任何一个儿童都知道价值——他们知道生活里什么是重要的——虽说他们不知道自己知道。他们以儿童了解事物的方式知道它，而成年人会发现很难做到那种了解，因此不得不重新学习一切。我曾经知道价值。知道它的是我的身体，不是我的头脑，所以我不知道自己知道。跑步使我再次接触了成年期容易失去的某种价值。跑步是一种回忆方式——它使身体回忆起了头脑回忆不起来的东西。

长跑时会体验到某种自由——花时间与头脑相伴的自由。长跑中也有某种知识，那种知识曾充满了我还年轻时的生命中的活跃时光。这是一种关于价值的知识，是一种关于生活中什么重要、什么不重要的知识。我在长跑中发现的自由，并非体验到我能随心所欲。那不是摆脱束缚之后感到的自由。相反，长跑使我理解的事情之一，就是我离这个意义上的自由有多远。但还有一种自由，它与知识相伴，与确信相随。

那些政治家的话讲完了。只听一声发令枪响，我们起跑了……根本不知道往哪儿跑。我们前面有一万人，我们要花差不多十分钟才能跨过起跑线。在珊瑚阁，一位快乐的老先生一直站在我旁边。他告诉我，他的目标用时是两个小时——我的用时是他的一倍，后来我才知道：他跑的是半程马拉松，不是全程。他一下子脱掉了运动上衣，把它甩到了身后的人群里。他转过身子，观看此举的结果。在路灯的微光里，他看见那个被他的运动服砸到的人的窘态，便咧嘴笑了起来。你穿着衣服参赛，却并没打算再次见到它，也许明年能见到吧，你用这个办法保持对比赛的热情。人们纷纷大喊大叫，高声抱怨，甚至可能还有人用假声尖叫。我们向前移动。一开始拖着脚步走,然后慢慢地、几乎不知不觉地变成了慢跑,宛如混战。

在这个过程的某一个点上(也许不能完全确定),我们会发现被我们看作对马拉松第一步感觉的东西。它是这样的:我迈出了左脚,此刻我发现自己在想,就这样开始了。它已经开始了。这是第一步带来的奇迹。迈出第一步之前,我外表平静,但内心却充满了疑虑。从心理上说,我在困惑和怀疑之间挣扎着。我的小腿肌肉能行吗?我能跑得远吗?我会丢人现眼吗?但迈出了第一步,我的所有疑虑就被确信带来的安心和平静冲刷得一干二净了。笛卡尔(以及他酿就的传统)认为,知道某件事情就是确信它,对它毫不怀疑。我们有时谈论"毫不怀疑",我认为这个说法包含了一个深刻的真理。自由与知识紧密交织。我迈出这第一步时感到的平静、安宁的确信,就是以经验的形式出现的某种知识。我若是受了斯宾诺莎的更多影响,就像我年轻时那样(何况,谁年轻时没受到过斯宾诺莎的影响呢?),我就很可能设法把这种理解描述为一种知识,关于事物为什么非如此不可的知识,关于事物来由的知识。但那并不全对。即使我迈出了这一步,我也完全知道事情并不是非如此不可。我的确信包含着一种理解,即理解"事物为什么应当如此",而不是理解"事物为什么必定如此"。但"应当"却是一个价值术语,其作用是规定,不是描述。对"事物为什么应当如此"的体验,应当是对价值的体验,即体验什么是重要的。与此相关,这种体验暗含着理解什么是不重要的。怀疑和犹豫的恐惧一旦变成了平静、安宁的确信,就构成了价值体验的基础。

我迈出了第一步,就知道了今天无论发生什么事,无论我跑了多远,我都应当在这里。我在做我应做的事。我在长跑中发现的自由体验,其实就是体验了某种价值,我曾知道它,后来却忘了。跑步体现了对这种价值的担忧。第一步已经迈出。长跑开始了。我希望如此。

2. 石山

1976 年

  我梦见我成了老人。我觉得我在一座房子里，正在收拾一些要卖掉的东西。多年以来，这房子经历了几次新风格的装修，但至少我总是留下一个房间，作为对以往各种时尚的纪念。一个房间是 20 世纪 70 年代的风格，其装饰为小块柚木和浅褐色软垫墙；另一个是 20 世纪 80 年代风格的房间，装饰着随意挑选的松木家具和光滑的钢管。20 世纪 90 年代风格的房间，装饰着任意挑选的、标有宜家印记的家具。在我看来，所有这些东西不大应当属于同一座房子。我在这座被遗忘已久的房子里搜寻，突然看见一堆照片，也记不得是何时照的。照片上的人和地方依稀眼熟，但仅此而已。我怀疑那些照片不是我的。其实我知道，它们十有八九就是我的。我独住在这座房子里。那些照片若不是我的，又会是谁的？但我翻到照片的背面，上面却没有任何文字告诉我它们属于谁。对这个事关所有权的问题，我能做的，似乎就是合理的推论了。

我无法推论的是生活本身，生活的广度和深度。我活得越久，全部生活就越显得前后不一：我在一个地方的各种东西上发现的麻烦越多，那些东西似乎就越不大可能出现在同一处。生活本身渐渐发生了变化，从自然而然、明白显豁变成了弄虚作假、不可置信。我拥有这些回忆，它们十分热忱，自动地强加给了我——它们是我的。我对此毫不怀疑。这是我的思想，我是这房子里唯一的人，这些回忆若不是我的，又会是谁的？我毕竟拥有这些回忆，这十有八九是真的。我不是疯子。我不相信这些回忆是外星人植入我脑子里的。但那些回忆却根本没有鲜明地刻着这样的字："马克·罗兰兹的财产"。使我震惊的，显然不是它们是我的回忆，而是它们不可能是其他任何人的回忆。这就是我有时能做出的最佳推论。

年轻时，回忆毫不费力。不必给每一个新回忆留出地方，不必满足任何设计和时尚的苛求。但当记忆之屋中的东西越积越多，越来越多的回忆就变成了出于意志的行动，有时很难执行得真正令人满意。生活日益增多的连贯性——对生活的感觉——并不是简单地获得的，而必须运用这种或那种特别的策略才能获得。我认为：记忆的消失，并不因为我们不再能够记忆，甚至并不因为我们不再有储存记忆的地方，而只是因为记忆太前后不一、太靠不住了。终将代替我的，也许就是我彻底的难以置信性。我会变得太不可能是真的，以至不能再到这里来了——我成了一个不再让人相信的假设。

所以，我越来越频繁地尝试的回忆大都伴随着奇特的惊异感。这些记忆居然都属于一个单独个人的生活，这是个令人昏厥的、超现实的发现。我惊异的是：这些偶然得到的意外礼物格外不像真的，因为它们竟然聚到了一起，穿过蜿蜒的时空通道，被捆成了一大团。目睹过那些事情的、做过那些事情的，真的是我吗？更糟糕的是，我了解记忆，因此知道摄影模特其实都有瑕疵，很不完美。记忆不是以往事件的复制品，而是示意图：部分是复制品，部分是伪造品。记忆是被我人为地缝在一起的。我既是摄影师，又是编辑，并且往往还是通用图形界面的设计人。根据一种著名的哲学理论，我就是我的记忆。正是我的记忆，使我成了如今的我，成了不同于其他任何人的人。但恐怕你在我的记忆里根本找不到我，反正不会在那些记忆的内容里找到我。我只存在于"针脚"里，只存在于"编结"里，只存在于我生成的想象中。

那么，我该对今天的记忆说些什么呢？德国诗人里尔克（Rainer Maria Rilke）曾写道："最重要的记忆，是变成了你血液的一部分的记忆。"记忆之血不是被记住的东西，而是记忆的一种方式或样式，而我还担心：在我记住的事物里，我所占的部分将越来越少，我将以记忆的形式存在。

石山划分出了东、西格温特谷①。其实，它几乎算不上一座山，

---

① 位于英国威尔士格温特郡（现名布莱耐格温特郡）。

其高度只有1 500英尺。但天气好时，你在那里可以直望英格兰：布里斯托尔市在南方闪着光，紧连着远方的英吉利海峡。向北望去，你会望见黑山，即塔糖山、潘伊法尔峰①和布劳伦支山②。再远一些，（假如空气格外洁净）你还会望见威尔士国家公园。它们被称作"黑山"，但这个名称含有讽刺意味。它们在大部分时间里都是绿色的；秋天，山上的石楠灌木枯萎了，它们才变成褐色。真正的黑山横在它们前面。我小时候，工业革命产生的黑渣附着在一切植物上面。那些小山几乎全是黑的，毫无二致，被煤灰覆盖着、浸染着。其实，有些小山就是煤山，不是土山——由此才有了"煤山"这个称呼。这些山常常起火。火从它们内部深处烧起来，会燃烧好几年，根本无法扑灭。有一家人住在一个名叫"南提格罗"（意为"煤流"）的小镇上，我们每月都在某个周日把车开上山谷，去看望他们。我和我兄弟坐在汽车后面，爬上了1 000多英尺高的布莱纳文山，又穿过了加尼尔村那道满是煤灰的小山沟。在我们两边，黑色的陡坡对我们怒目俯视，黑色的煤烟慢慢地从山坡里翻滚出来。诗人艾德里斯·戴维斯（Idris Davies）③描写过一些很像这些山的山，他说他能"梦见消失了的美，梦见尚未出现的美"。但我从未想到，一位艺术家用这种词句描绘地狱，这很不寻常。我从未想到，世界的末

---

① 南威尔士最高峰，海拔2 907英尺。
② 位于威尔士国家公园内。
③ 威尔士诗人。

日很可能就是这个样子。

石山是东格温特谷通往沿海平原的起点。此处的煤不多，因此躲过了那个世纪最恶劣的无节制的开采行为。我站在山上，四周都是绿草。东南方是纽波特，我的出生地。东方是库布兰——意为"牛谷"——一个粗陋的新镇，我就是在那儿长大的。你看不到西面——从我今天站的地方看不到。山梁很宽。我以前多次到过这座山，对南、北、东三面的地理情况了如指掌，但西面对我来说仍是个谜。

这曾是一座有生命的、蜿蜒的山，但其实只对年轻人才充满了机会：各种美好的、布满尘土的前景，各种选择，各种风险，各种机遇。当时一定是暮春或初夏，我想这是我出于最佳记忆的判断。但我知道那是个周六，记得学校还在上课，没有放假。因此根据我的最佳记忆，那时间应当是在五月或六月初。若是在四月，清晨的山上应当覆盖着白霜。

我童年时代的周六大多充满了各种体育活动。有时，这些活动是正式的分组比赛，大多是橄榄球和板球。若某个周六碰巧没有安排正式的比赛，我和朋友们就去玩非正式的、随意分拨的美式足球。空闲的周六（绝对没有任何安排的周六）极少，间隔很久才有一次；若真的有了这样的周六，我很可能只想独自消磨。或者说，我不完全是独自一人——这天早晨跟我一起冲出房门的还有布茨——我童年时养的一只拉布拉多犬，身量很大，毛色浅灰，几乎是白的（我们两个几乎还没吃早餐）。我们开始散步，先走到沙佩尔巷，再穿过蓝铃树林，布茨一直在我身旁蹿着跳着。我决定开始跑步，慢慢地小跑。我不能说我那时是个胖孩子，但我远远算不上苗条——说我有点儿胖，这也离事实不远。不过，近一两年我的个子长高了，也戏剧般的瘦了下来，就像一个圆滚滚的甘草团被拉成了一根线。当时我若知道那是我最后一次长个儿，就会更珍视它。生活有时就是这样。但如今我仍然依稀记得我们那时的情况。那时，布茨还是个肉球儿，蹲在地上，精力充沛；我的体型刚刚变得瘦长。我们沿着河岸小跑，脚下石头很多，杂草丛生。我新留的长发随着我脚步的节奏在阳光里飘荡，而我的长发是我的一个胜利，因为我摆脱了对母亲13年来一直要我留短发的恐惧。

我跑着，布茨跑着，不为了任何真正的理由跑着：你若是一个孩子或者一只狗，跑便不需要理由。那时，跑步就是你把自己从甲地转移到乙地完全合理的选择。你跑步不再需要理由，就像你走路不需要理由一样。不跑步，其实有时完全是无法控制的。我的生活是由各种事件、机会和责任连缀出来的，而跑步就是把它们穿在一起的线。我上小学时的学校在1.5英里以外，我常常早晨跑到学校，晚上跑回家。有时我中午也跑回家吃饭，再跑回学校。那已是六英里了，我甚至没想过那是一种锻炼。放学以后，我每周用三个晚上参加橄榄球训练：其中两个小时大多在跑。然后我跑回家吃饭，做作业，然后被迫练习钢琴，我母亲坚持要我弹钢琴——她认为，弹钢琴是对我在日后生活中为非作歹的必要弥补。周一晚上若没有橄榄球比赛，我有时会跑到拳击俱乐部，参加一些训练。我一到，他们通常都会叫我到外面跑五英里。冬天，周六早晨大多都举行学校橄榄球赛。下午，我有时会参加当地橄榄球俱乐部主办的青年组比赛。到了夏天，情况稍有不同。我会代表当地俱乐部参赛，而不是代表学校参赛。其中奔跑少了一些。但我是板球的全能手，所以仍然需要大量奔跑，俱乐部的板球活动占用了所有的周末时间，并非只占用周六。

如今情况不同了，世界变了。恐怕孩子们会开车去上学，回家后玩电脑游戏。我若生长在今天，会怀疑自己会不会去爬墙——成为"问题儿童"。世上有一种需要奔跑的男孩子——我不能说有一种需要奔跑的女孩子，但我无法直接看出男孩子和女孩子的本质区别。那种男孩子若是不跑，生活便会是一个令人痛苦、困惑的地方。我当年就是那种男孩子。

要到达石山山顶，就必须头戴无线电天线杆，攀爬大约三英里很陡的山坡。我和布茨来到山顶时，我惊讶地发现：我的手表告诉我，我们用了几乎还不到半个小时。即使现在，我仍然认为当时我一定是弄错了。也许我们出发的时间比我记忆里的时间早吧？但无论事实如何，我们到了山顶后还是接着跑，因为我们从没想过停下来。

山顶完全不像原来想的那么危险。那里偶尔有些很陡的低洼处，还分布着几处不多的沼泽，因此你要当心。但我很了解这座山。我没带饮用水，因为这根本就不需要。你不会想喝溪水。山上的羊死亡率很高，你若喝了溪水，就完全有可能在小溪上游的水中发现一头死羊。但我知道哪儿有泉水，在那里，晶莹洁净的泉水会汩汩地涌出地面，十分神奇。我先喝，再让布茨喝：我可不喜欢尝布茨的口水。喝完之后，布茨和我接着跑。

你也许会想，这有点难为这只狗。布茨不再年轻了。它这时也许已经差不多八岁了，对大型的拉布拉多犬来说，这几乎可算是接近老年了[①]。但是，昨天的孩子们如今正用他们的生命跑步，他们的狗也是如此。我根本不担心布茨。夏天每个休息日的晚上，每逢橄榄球或拳击的比赛季暂停期间，我们都会去玩两三个小时的板球。手拿球拍。我朝车房的墙壁扔出一个球——坚硬、弹性好的球最为理想，布茨蹿出去，追上它，把它衔回给我。我脚下的草皮已被磨光，成了一片积满尘土的肮脏场地。那个球浸满了布茨的口水，粘着脏土，还有那面曾经白得发亮的墙，也在几年当中慢慢接近漆黑。每个夏天的傍晚都有两个小时的追踪，布茨追上那只板球，而只有天色已太暗、什么都看不见了，它才不情愿地被哄回屋里。布茨能整天地跑。而在这一天，我显然也能跑上一整天。我们跑着，踏着山上又细又长的草，踏着富有弹性的石楠。

两三个小时以后，我们到了"小丘"——铁器时代一个堡垒的遗迹。它当年屹立在山上，守卫着那些小山，山脚下就是如今叫"纽波特"的地方。那个堡垒的所有遗迹，只是山脊上一个显眼的土

---

① 拉布拉多犬的寿命一般为 12~15 年。

堆，上面长着稀疏的草。我年纪大了以后，每当我回乡看望妈妈和爸爸，火车驶进纽波特时，我都会去"小丘"看看；后来我还开着M4型汽车到那儿去，让自己知道回到了家。

接着，我们转身往回跑，因为我们想不出不往回跑的理由。我们在山上过了一天，刚到黄昏，我们就到了家，正好赶上吃晚餐。

"你今天去哪儿了？"我妈妈问。

"到山顶上去了。"

我没心思补充一句说，我们已经跑了大半程马拉松。没过多久，布茨就缠着我去打晚间板球——趁天还不太黑。

在一些方面，这一天预示了某些主题，它们将主宰我日后生活中的跑步。但在另一些方面，这一天则完全不同寻常。我回忆这一天的方式，听起来就像我是东格温特谷的海尔·加布雷塞拉西（Haile Gebrselassie）——埃塞俄比亚著名长跑运动员。但我其实并不善于长跑，和我的许多朋友都无法相比。我也许年轻时用了大部分时光在很多地方参加长跑，但我那些朋友也都是如此。他们当中很多人比我强得多。我记得很清楚，我第一次参加越野长跑时根本不够资格，对长跑一无所知。那是学校每年一度的活动，也是我第一次参加越野跑，时间是在这次石山长跑的一两年前。当时说我是"运动员"（jock[①]），这也许不符合历史——那时这个说法尚未传到

[①] 此词1963年后出现于美国和加拿大，主要指中学生和大学生运动员，略带贬义，即认为他们擅长体育，不善于学习文化知识。

英国。但我认为当时我就是那种人，无论是否符合实际。我希望自己在这些竞赛中表现良好，成为橄榄球队的核心人物，成为板球队队长——我不记得那次越野赛的距离是多少了，不过我想大概是五英里吧。但是，那些瘦瘦的小男孩，有的我认识，有的我几乎不认识，但都不配给我系橄榄球鞋的鞋带，都从我身边飞跑过去了，而我却稳稳地站在原地。我跑到一半就放弃了，而那只是因为我们以为很多人都会中途放弃。结果，我对跑步渐渐爱恨参半。当然，我仍然随时都在跑。日复一日，我跑着上学，或者晚上和布茨一起在山上跑。我从没认识到自己是在跑步。跑步只是我生活的一部分。但我尽力把跑步与比赛区分清楚。

至少，长跑比赛若超过了一定的距离，我就会把它们与日常的跑步区分开。我不在乎短跑，这多半是因为我那时短跑还算不错。我那时是中学田径队的队员。"田径队"这个叫法也不大对：它也来自大西洋彼岸，似乎已不知不觉地渗入了我的思维模式。20世纪70年代，东南威尔士还没有"田径队"这个叫法。那时，学校若要在周末开运动会，某位体育老师就会说出类似这样的话："罗兰兹，你跑得挺快。周六到体育场参加百米短跑赛吧。"我不喜欢周末在体育场外溜达，等着参赛，便会说出类似这样的话：

"老师，帕克西怎么样？他跑得比我快。"

"他这个周末不在，你必须参加。"

库布兰有个体育场——鉴于整个库布兰的体育设备都很差，应当说，这个体育场的设备好得与整体状况很不谐调。因此威尔士的体育赛事大多都在这个体育场举办。所以我每年都要用两三个周末去这个体育场，但并不热心。我好像记得，我有一次拿到了威尔士15岁以下少年百米短跑决赛的季军——尽管我想，很多大卫·帕克斯[①]都没参加那天的比赛。

我不大愿意承认百米跑是我的专长，而这只是因为没有比它距离更短的赛跑了。必要时我能一次跑两个100米赛，但从不跑400米赛——我认为，400米赛是专为最纠结的受虐狂们设置的。你必须尽量以最快的速度跑完400米！一个人怎么会享受这样的赛跑，我真弄不明白。其实，对我来说，就连100米跑都嫌太长。我是个"快缩先生"，坚持不了多久。起跑后最初5米左右我的状态最好，之后我就会全身像散了架一样。奥林匹克运动会若有一项"冲出起跑线"的比赛，我坚信那会对我大有帮助。

贝恩德·海因里希（Bernd Heinrich）属于一小批数量越来越少的人，他们力图把世界级的生物学家与世界级的长跑运动员结合起来。在其《我们为什么奔跑》（Why We Run）一书中，他概述了适于从事长跑者的总体解剖特点："长跑者有一个共同特征——优秀的长跑者都很瘦。长跑者必须完全沿着地面飘，有时要连飘好几个小时。理想的长跑者是：骨骼轻而细，腿部肌肉细长，像小鸟一样。"若说这就是长跑者，我就是个反长跑者了。我飘不起来。我跑

---

① 20世纪六七十年代爱尔兰足球运动员，此处比喻短跑高手。

起来脚步很重（我的步子很沉，这显然是个问题，也是我几年来多次受伤的根源）。我远远不像小鸟。我腿短，骨头大，身体粗壮。我往往愿意把自己想象成一个有矮小粗壮倾向的运动型体质者。但更符合实际的是，我也许是一个有运动型体质倾向的矮小粗壮者——假定这两者有区别。在我最好的状态下，我只要刻苦训练，便能练就短跑选手那种厚厚的大块肌肉；在我最坏的状态下，我会是个胖男孩。

肌肉纤维有两个基本类型：慢缩型和快缩型。成功的长跑运动员的腿部肌肉，包含着79%～95%的慢缩肌肉纤维。一般人腿部的肌肉中，慢缩纤维和快缩纤维各占50%。短跑运动精英腿部的比例是：慢缩纤维占25%，快缩纤维占75%。慢缩纤维燃烧脂肪，只能靠不断供氧才能运作。快缩纤维燃烧葡萄糖，不用供氧即可运作。换句话说，它们是无氧运作。你快跑时，腿部的乳酸会燃烧，这就是快缩纤维无氧运作的副产品。

研究表明，你的锻炼方式对快缩和慢缩肌肉纤维比例的影响很小。格尔尼克（Philip D. Gollnick）[1]及其同事在1972年的一项经典研究表明：剧烈的有氧锻炼至多能将4%的快缩纤维转化为慢缩纤维。他让受试者在踏车上跑步，以他们85%～90%的最大有氧运动能力，每天跑1小时，每周跑4天，持续1～5个月。（这涉及受

---

[1] 美国华盛顿州立大学体育教育系教授，丹麦哥本哈根大学奥古斯特·克罗学院教授。

试者领取的实验津贴!)

不久前,人们发现快缩纤维分为两类:FTa(a类快缩纤维)和FTb(b类快缩纤维)。FTa纤维具有慢缩纤维的某些特征。作为快缩纤维,它们靠燃烧葡萄糖进行无氧运作,但它们也靠燃烧氧气运作,像慢缩纤维那样。这两种快缩纤维在普通人体内所占的比例差不多,大致各占一半。与把快缩纤维转化为慢缩纤维相比,艰苦、持续的锻炼能更有效地把FTb纤维转化为FTa纤维。马拉松长跑精英体内的FTb肌肉纤维最终会变为零。我完全可以肯定,这是我根本做不到的事情。何况,我还不知道自己是否愿意。

所以我认为,我作为长跑者一个最重要、最明显的事实就是:我不大善于长跑。我对长跑几乎毫无天资。我认为,我的生物学构造特征决定了我缺少这种天资。我不知道那天在"石山"发生了什么事情。所以我不能(一辈子都不能)理解我的双腿为什么要停下它们正在做的事——为什么不能一直像这样整日整夜地跑动。但无论我多么愿意,无论我为此做了多少努力、进行了多少训练,我都不能复制我那天在石山上获得的自由感和力量感。我当时正处在从男孩变为男人过程的某个点上。

我认为,必然性的铁链把我们锁在了一起,无论是年轻人还是老年人。但是我们年轻时,我们风华正茂时,几乎容纳不下在我们内心歌唱的那种力量,束缚我们的锁链似乎轻得多。那天我跑步时感到了年轻人的自由,一种想不出停止的理由的自由,而确实也没有停下来的理由。青年期的自由是恣肆洋溢的生命,是肉体容器难以容纳的力量。你变老时，心中的这种感觉会越来越少。你渐渐懂得了有很多很多停下来的理由：这些理由吵吵嚷嚷，自动冲了出来——你越疲劳，这些理由就越引人注意。但你若走运，若非常走运，那么总有一天你会知道：这些理由无论叫嚷得多凶，都不能主宰你。这是年龄的自由。

以身体的构造，即以法国存在主义哲学家指出的身体的"真实处境"为借口，但它仅仅是个借口吗？我毕竟没有接受过肌肉活组织检查。我若知道我具备世界级长跑运动员的肌肉结构，其中80％是慢缩纤维，而且根本没有FTb，也许会大吃一惊。但我对此怀疑。与我不具备生物学天资相关的，还有一个特征：那天的长跑成了我日后长跑中一个反复出现的主题：它全无计划。我那天早晨睡醒后，想跟布茨一起到外面去，仅此而已。我并没计划跑到山上去。我甚至不知道自己在朝山上跑。我完全是不知不觉地跑到了那里。我有时说我不喜欢跑步，但有时又相信跑步。但我想这个说法不够准确。我长期以来一直在跑步，至少在某种程度上是如此，所以我想我一定是喜欢跑步。但我很不愿想到跑步。至少直到最近——如今事情变了，这么做自有理由——我若要去跑步，仍然必须保证自己不去想我要跑步。我不得不偷偷地跑。

你若阅读跑步的杂志，它们有时会提供一些建议，告诉你：你不想跑步时，怎样激发自己去跑。例如，给商人的建议是：把跑步纳入日程，就像把会议纳入日程，事后要感到骄傲，就像很好地完成了一项工作。对我来说,有很长一段时间,只有一个办法能促使我去跑步,那就是让我自己相信我不是在跑步。20世纪60年代有一部英国影片,叫"遭诅咒的村庄"(Village of the Damned),根据约翰·温德汉姆(John Wyndham)① 的小说《米德维奇布谷鸟》(*The Midwich Cuckoos*)改编。它讲的是一些外星人变成了儿童。他们掌握某种十分歹毒的心灵感应术,似乎打算占领地球——这是很常见的外星人题材。影片结尾,主人公(他埋下了炸弹)正被那些外星人儿童用心灵感应术探测。后者怀疑他在策划,但并不知道具体策划什么。他必须不惜一切代价不去想那颗炸弹。这就是我对待自己跑步的常用方式。不,我今天绝不跑步。不,先生,我根本不想跑。我只想坐在这儿写字。接着,我突然站了起来,匆匆穿过房间,换上短裤,穿好跑鞋,冲出了门外,就像被好几只狗拖走了一样。我的身体不等弄清出了什么事,就像往常一样提出了反对意见,还设置了障碍——它的常见策略是让你觉得自己疲乏透了,累得要命。

对想到跑步的这种厌恶——不跑步,以及想到跑步——贯穿了我的整个20岁和30岁期间,也许还延续到了我40多岁的时候。如今我大不相同了。我现在迫不及待地想到屋外的公路上跑步。这也许是因为我如今有了两个儿子,一定要相信我的话,与跟他们在一

---

① 英国科幻小说家。小说《米德维奇布谷鸟》发表于1957年,根据它改编的电影《遭诅咒的村庄》又译作《魔童村》。

起几个小时（别误会，我很喜欢如此）相比，跑20英里就是一种能让我放松的暂时休息。这也许是因为我开始懂得：在将近半个世纪①以来的全部伤害、麻烦和一直持续不断的低潮痛苦中，我的跑步生活并不一定通向不确定的未来。我有"最迟销售日期"，它十分清楚地印在我靠不住的膝盖上，印在我很不灵活的跟腱上，印在我很有问题的脊背上，印在我故障频出的小腿肌肉上。按照这个思路，我渐渐明白了：跑步不只是我做的一件事。它甚至不是我有权去做的事。它是一种特权。

我和狗一起跑，不和人一起跑。这是我会在后面反复提到的另一个特点。人们一起跑是为了相伴，为了互相鼓励，为了交谈，为了吹牛。一句话，为了凑在一起。这些理由全都可以理解，全都值得尊重。但它们却不是我跑步的理由。

人们有时用时间、距离等评判他们的跑步，也用一些较复杂的术语评判它：AI——他们在已跑完的距离中插入的有氧运动的次数、时长和强度；TUT——上坡的总时间；如此等等。但对我来说，AI 和 TUT 这些都完全是或然的、偶然的。多年的经验告诉我：每次跑步都有每次的心律。跑步的心律是跑步的本质，是跑步的实质。在这里，在一个夏日早晨的这座石山上，我的心律是和缓的。我的双脚轻缓地沉入草丛和石楠丛里。轻微的山风在扭曲盘错的树枝间飒飒作响。几只云雀在微风中轻舞。最重要的是我身边还

---

① 此指作者已近50岁。

有布茨,它轻声地喘气,拴在它脖子上的小铃铛也轻轻地发出叮当声。

在我的下半生,人们有时会问我跑步时在想什么。这个问题很合理——鉴于我将做出的坦言,这个问题尤其合理。但是,它虽说合理,却是错的。这个问题暴露了一点:提问者根本不懂跑步是什么。我能做出的任何回答都会相当恼人。"上帝啊,这伤害了我"就是一个越来越常见的口头禅。概括地说,我所想的会反映我跑步之前的生活经历。我若快乐,便会产生快乐的思想;我若悲伤,便会产生悲伤的思想。我在跑步中携带了太多的思想,我太多地想到了生活中的恶臭、焦虑和必须关心的事。

我跑步时只要说了话,那就表明跑步出了错,至少表明还没有跑对——跑步还没有使我全神贯注于跑步。我还没有合上跑步的心律,跑步的节奏还没有发挥催眠般的作用。每一次正确的长跑都会出现一个点,思考在那个点上停止,思想在那个点上开始出现。这些思想有时毫无价值,有时不是。跑步是个开放的空间,其中变换着种种思想。我跑步不是为了思考,但我跑步时会产生各种思想。这些思想并不是与跑步毫无关系,而是跑步的额外奖励或报偿。它们是跑步真正实质的一部分。我的身体奔跑时,我的思想也在奔跑,其方式与我的设计或选择几乎毫不相干。

已经有了一些关于跑步对大脑(至少是对我的大脑)的影响的研究。这些影响给人的印象十分深刻。不久以前还没人知道成年人的神经生成——成年人的大脑新细胞甚至有可能增加。但事实似乎就是如此。跑步就是可能促使这种神经生成的事情之一，至少在白鼠身上是这样。若允许实验室的白鼠自由地接近踏车，其大脑的海马体就会生成数十万个新细胞。海马体是大脑中与记忆相关的部分。此外还有BDNF，即源自大脑的神经生成因子（brain-derived neurotrophic factor）。它是一种蛋白质，其作用是促进新的脑细胞成形，也帮助保护现有细胞并生成大量细胞。以后可能出现这样的时刻：我会对大脑受到的这些影响感到十分愉悦，但目前它们尚未影响到我。我更感兴趣的是我跑步时大脑中发生了什么，而不是跑步之后发生了什么。不过，一直要到FMRI（功能性共振成像，functional magnetic resonance imaging）技术发展得比目前更便于操作，否则我就不可能发现那些影响，至少不能直接地发现。尽管如此，我还是认为：对大脑其他方面的研究（尤其是对运动节奏与信息处理之间关联的研究），使我们有可能做出一些合理的推断。

我们从一个有待解释的现象说起：跑步时的感觉。我把这种感觉描述为"思考转变为思想"，并指出一点：这种转变的根源是（运动）节奏的催眠作用。这个现象若只是我一个人独有，它就很可能是无趣的（当然不包括对我自己）。但是，其他一些人也描述过基本类似的体验。例如，乔伊斯·卡罗尔·奥茨（Joyce Carol Oates）曾写道："跑步！我想不出有什么活动比跑步更快乐、更令人愉快、更能滋养想象力了。跑步时，头脑与身体一同飞逸，语言神秘的开花期仿佛伴随着大脑中的律动，伴随着双脚的节奏，伴随着双臂的摆动。"村上春树也做过类似的描述，只是重点略有不同："我跑步时，我的头脑自动清空了。我跑步时所想的一切都服从于这个过程。我跑步时，各种思想会自动袭来，如同吹来一阵阵轻风——它们似乎突如其来，然后消失，什么都没改变。"奥茨和村上春树指出了这种体验两个重要而不同的方面。奥茨强调了节奏：思想的飞逸和律动，与双臂的摆动和双脚的运动一致；村上春树强调了头脑的清空，把思想比作穿过这个空虚之处的阵阵轻风。我在这方面与村上春树不同：他认为这些思想什么都没改变。我认为这个说法有时是对的，但它们偶尔（只是偶尔）也能改变一切。此时，它们便不是吹拂在我脸颊上的轻风，而更像是猛击了。

思想只有准备好方能出现。它们不能被逼迫，不能被催促——它们不能被指望。它们应其时而来，而不会迎合我们的时间。我那天去了石山以后，迄今已过了很多年，我已数不清自己有多少次想解决一个问题了。那是个很难解决的抽象概念的问题，但它突然自行解决了。若不是这样，那就可以说：我跑步时，它在我眼前解决了。对这个现象的一部分解释，几乎一定是来自"节奏"这个观念。

某人轻轻敲出有规则的节奏时，大脑的左额叶皮层、左顶叶皮层、右小脑这几个区域便会被激活。与这个活动的定位同样重要的，是这个活动的频率。这个频率在伽马波段，为 25～100Hz，但最常见的是 40Hz。很多人认为，伽马振荡是大脑信息优化过程的关键，是注意过程的基础，也许还是有意识体验过程的基础。一些人认为，这是由于伽马振荡在将各种活动整合成整体活动方面的作用。弗朗西斯·克里克（Francis Crick）[1] 和克里斯托夫·柯赫（Christof Koch)[2] 提出了一个著名的观点：40Hz左右的伽马振荡的作用是整合信息，使之能被视觉感知到，因此是视觉体验必不可少的。尽管对这个观点人们尚有争议，但是"有效认知运作中包含着伽马振荡"这个观念，如今还是被大部分人接受了。事实上，光遗传学已相当明确地论证了这个观点。光遗传学是斯坦福大学卡尔·戴瑟罗斯（Karl Deisseroth)[3] 研究小组创立的。在光遗传学研究中，研究者用针对一种能产生细小白蛋白（细小白蛋白是一种蛋白质，能调节大脑中伽马波的振荡频率）的神经元的光脉冲，去控制大脑的节奏。运用这种技术，戴瑟罗斯证明了：正确的伽马振荡频率能"增强大脑额叶皮层细胞间的信息流动"。额叶皮层是大脑中联系高级认知功能（例如思想）的区域。

值得注意的是，只要简单地用手指轻轻敲出一个节奏，就能产生伽马振荡的最佳频率——40Hz。因此我们不用太费力即可假定：人的身体按照适当的节奏运动，也能产生同样的效果。你的确会怀疑：轻扣手指会产生伽马振荡的恰当频率，全身运动有可能使这种效果更强。所以跑步涉及的身体节奏与出现涉及高级认知功能的大脑活动，这两者存在着关联，这个推断就并不那么难以置信了。不

---

[1] 英国物理学家、分子生物学家、生物生理学家。
[2] 美国生物学家、神经科学家。
[3] 斯坦福大学生物工程学、精神病学、行为科学教授。

过，节奏仍然不是全部。以40Hz的频率轻扣手指几小时，至多只会使手指酸痛。

麻省理工学院的诺贝尔奖得主沃尔夫冈·克特勒（Wolfgang Ketterle）[①]也注意到：跑步有益于提高解决问题的能力。他用"放松"的概念描述了这种影响："一些解决办法十分明显，但只有你放松得足以发现它们，它们才是明显的。"但我认为这并不完全正确，至少我自己的经历并非如此。放松有多种方式，先说说显而易见的。我的确格外善于放松，尤其是附近有一台电视机、一张舒服的沙发，外加一瓶还算不错的酒的时候。遗憾的是，我这么做时，那些解决概念难题的办法似乎并未自动地宣布它们存在。我跑步时，它们更不大可能出现，因此我不得不得出一个结论：至少精力衰竭（而不是放松）一定也发挥了某种作用。存在某个点，思想在那个点上死亡，而一旦达到了这个点，跑步的时间越长，我就越疲劳，于是更有可能出现一种解决办法。但只有首先建立了节奏，这个办法才会有效。那并不是这样一种情况：我节制跑步半年后，又开始跑，跑了两英里，归途中发现自己快要累死了，便盼着这些有价值的想法全都凭空出现，仿佛无中生有，解决我数月以来一直努力解决的所有问题。事情若是这样，那就容易多了，但事情并非如此。那样的跑步中，我从没摆脱过思考——通常是很不像样的思考：思想根本不肯跟我联系。我想，这是因为我的头脑没有清空。为了清空头

[①] 德国物理学家，美国麻省理工学院教授，2001年诺贝尔物理学奖得主。

脑，我需要节奏；为了获得节奏，我需要保持良好的状态。

因此至少对我来说，有两个关键因素：节奏和衰竭。它们都不单独运作。由于可以作为依据的经验性研究较少，论及衰竭对高级认知功能的影响时，我就不得不做出更多推测。首先，大脑的运作方式可能涉及某些一般原理。大脑是一种恪守习惯的造物。它一次次走过同样的道路，一次次造访同样的死胡同和绝径。这是因为大脑在本质上是一台联想机器。活动通过联想分布在大脑里。若是大脑一个区域的活动以前造成过另一区域的活动，这两者就建立了联系。而这就意味着：未来在另一场合若发生第一类活动，第二类活动也很可能发生。人类一次又一次地犯下同样的思想错误（或个人犯错，或集体犯错），甚至只要草草地瞥一眼思想史，我们便会看到：本质上相同、最常见的是不成功的思想往往反复出现，只是其形式略有不同——这个倾向就是大脑的联想本质的证明。

有时必须说服大脑放下，只放下一会儿。大脑疲劳时，说服它放下会容易得多。我跟患有痴呆症或老年痴呆症的人说话时，让我吃惊的往往不是他们丧失记忆的程度，而是他们所剩的力量与活力。对久远之事的记忆，对以往一生的记忆，再次被揭示出来，而他们就像是在片刻前刚出生的。他们的大脑放下了，联想崩溃了。我们发现：在这个过程中，曾被隐藏的事情被揭露了出来。我想，当疲劳开始悄悄进入我跑步的节奏，便会出现这种情况。"空"是大脑正在放下的标志——并非放下一切，而只是放下它的掌握，放松它日复一日的操作功能。大脑用于引导活动的那些联想被放松了，只放松了一点儿。于是，在一定程度上，那些熟悉的、但毫无成果的思想大道和死胡同便被丢弃了。在头脑的这片新沙漠景观上，思想被揭示了出来，闪着亮光，清新而质朴。

一项经验性的研究与这个话题有关。神经科学家肖恩·奥努阿莱恩（Sean O'Nuallain）在对西藏僧人的研究中证明，超验的精神状态就是大约40Hz的伽马波振荡。不仅如此，他还提出，这些僧人的共同点（至少是精通冥想的僧人的共同点），就是将他们的大脑置于一种状态——大脑以低于平时的比率消耗能量，其比率有时接近于零。按照这种"零消耗假设"，大脑的低能耗状态也许和"无我"状态相关，其高能耗状态则与对自我的体验相关。低能耗状态中，伽马振荡更为普遍。

这项研究强烈地暗示了疲劳也许对思考产生的影响——更准确地说，是疲劳在产生思想方面或许有的影响。剧烈的身体运动会使大脑采用低能耗状态。其原理也许就像吃饱以后会产生睡意。血液被转移到了肠道以利于消化，其结果就是血液减少，由此进入大脑的氧原子也减少了。从长远看，你跑步时若达到了那个点，你就必须集中全部精力，才能把一只脚放在另一只脚前面。为了补偿，大脑（它通常至少消耗总体能的20%）就进入了奥努阿莱恩描述的那种低能耗状态，其结果就是一种"无我"状态。思考大多是我自己体验到自己做的事情。从长远看，我体验不到自己在思考，是因为我对自己的掌控已经变得无力。思想取代了思考,那些思想似乎根本不是我的,似乎从无而生,从碧空飞入了头脑。

思想按照它们自己的时间到来——我猜它们自己的有利时间也许是这样一种状态:伽马波振荡增多,伴随着大脑总功率的减小。左额叶皮层、左顶叶皮层、右小脑出现了高度一致的活动,伴随着某种疲劳,那种疲劳会把日常生活的通常联想破坏到一定程度。其结果就是一种"空":大脑清空了,好让思想在其中活动。这也许是实际情况,也许不是。但我认为:远比为什么发生这种情况更重要的是,这种情况确实发生了。

说话是思考的对立面。我和不会说话的狗一起跑步。但它们做的比说话更多。它们起到了放大的作用:它们放大了跑步的节奏,增强了跑步的实质。我的心跳,被跑在我身边的那些狗放大了;我的呼吸,被它们的呼吸放大了。跑步时,我的"登——登——登"的脚步声,被它们的"啪——啪——啪"的脚步声,以及它们脖子上链子的"叮——叮——叮"的响声放大了,增强了。这就是跑步的心跳,那颗心在我体外跳动,不是在我体内跳动。跑步发挥了它的作用时,我就迷失在了这颗跳动的心脏里。面对这个点(思考在这个点上停止,思想在这个点上出现),我不是在跑步,不是在真正地跑步。在这个点上,运动变形为跑步:思想出现在这个点上,开始活动。

在石山度过的那一天里,我也许第一次体验到了跑步的心跳——在我体外跳动的心,不是在我体内跳动的心。我不能理解

（无论在当时还是在日后许多年）：这种经验将会重塑我生活中一些更重要的方面。体验跑步的心跳就是体验最强烈的经验之一，柏拉图也许会把它称作"善"的理念。也许必须经过很多年，跑步的心跳才会让我重新认识一种价值，儿童最了解那种价值。生活需要这种价值——从某种意义上说，失去了这种价值的成年人会贬值。我那天在石山上和布茨一起跑时，不可能领悟这个思想。当时，来自跑步的心跳的思想，跳跃在我头脑中寻常的位置上，太阳跳跃在伸向南方的浅蓝色海面上。

3. 天生会跑

1999 年

多年经验告诉我，每次跑步都有自己的心跳。心跳是跑步的本质，是跑步的实际；这是我体外的心跳，不是体内的心跳：风在我耳边呼呼地吹着，时强时弱。我跑在拉思莫尔半岛的金塞尔小镇，它位于爱尔兰南部海岸中部地带的正中。风伴着我迈出的每一步：时起时落，永无停歇，呼呼作响，安静，呼呼作响，安静。还有几只狗跟我一起跑。我正和狼狗布勒南、它的伴侣尼娜以及它的女儿苔丝一起跑。它们的12只脚发出"啪——啪——啪"的响声，48个脚趾发出"嗒——嗒——嗒"的声音，就像上了珐琅的节拍器，敲出了我们在这个碎裂、褪色、坑洼不平的柏油碎石路面上已跑的距离和已用的时间。我听见了三种"呼哧——呼哧——呼哧"的喘息声，听见了三条链子发出的"叮当——叮当"声。这些声音，与我耳边"呼呼作响,安静"的循环融为了一体。

这些狭窄、弯曲的乡间小路上,汽车很少。我可以让那几只狗任意地跑。它们在我身后跑,或远或近,什么地方都行,就是绝不能在我前面跑。这是规矩。这并不涉及主宰权,而完全是为安全起见。但它们毕竟合上了我的节奏,毫不费力地跑在我身边,游魂般地游动在地面上。此外,跑步还是可变的,总在变化。路两边开花的灌木树篱,以及夏日高耸的树篱,无不充满了躁动的生机。一阵使人满怀希望的窸窣声,也许是一只田鼠、地鼠、野兔或家鼠发出的,把狼狗布勒南吸引了过去。它先用爪子刨地,这只犬科动物希望自己被人化、被固定,成为变作了峨参的毛茛科灌木,让自己全身都消失。后来,它又两爪空空地返回狗群,跟上节奏。这样的中断和重返是跑步的心跳的组成部分,在跑步过程中一次次地重复着。

我们现在快跑到兔子住的那个地方了:它就在拐角处,而400大步之外,灌木树篱隔开了一块场地。被当作场地入口的是两个笨重、腐烂的草垛,它们在那里的时间比我们更长。草垛之间是个养兔场。一如既往,兔子会尽量利用爱尔兰微弱、含蓄的夏日阳光。在这些地方,含蓄差不多像阳光一样受人欢迎。我们一拐过弯,我就感到那群狗兴奋了起来。我们离那里还有300大步远,但它们却慢慢地向我施压,想让我跑快一点儿。布勒南把鼻子伸到我面前,试探我的态度。我吼了一声:"回去!"心里却在笑,猛然翘起了我的大拇指。几秒钟后,尼娜做了同样的尝试。这是一种策略。先由一只狗出场，再由另一只出场：轮番试探我。我又吼了一声："再等一会儿！"接着，过了令人极为痛苦的一小段时间，我放松了紧张情绪："接着跑吧！"我们很快跑完了剩下的距离。这是一种用来快速完成任务的方法，令人愉快。我需要它。我可怜巴巴地跟在那些狗后面，跑到了草垛那里，几只狗已经在我眼前散开了：布勒南朝一个方向跑，尼娜朝另一个方向跑，苔丝朝第三个方向跑——那是一场疯狂的追逐、猛咬和脱逃，但毫无成效——这些奔跑中，没有一只兔子受到伤害。它们也许听见了我们一路传来的嘈杂声。我们到来后，它们就耐心地等在洞旁，丝毫没有觉得意外，或许还有几分愉快。其实，我不知道是不是这样。我弯下腰，气喘吁吁，频频觉得有点儿恶心，但兴高采烈。那些狗一起朝我跳了过来，伸出舌头，眼里闪烁着兴奋：那很有趣，明天的运气会更好。几分钟后，我们回到了路上，我们一行那种和缓的节奏又自行出现了。

我27岁时，确实做过很蠢的事。其实那一年我做过很多蠢事，但我只记得这一件，因为它无意间造就了我日后的生活进程。最初见到（和认识）布勒南时，我是阿拉巴马大学哲学系的年轻助教，它才六个星期大，是狼狗家族中一只笨笨的小泰迪熊。至少，我是把它作为狼狗买来的，但它很可能是混种的狼犬。不管它是什么，它都长大了。

下面的照片是几年前我离开阿拉巴马后我和它的合影。其实，那个地方应当是我们今天跑步的地方。它在查尔斯堡[①]，在一个名

[①] 爱尔兰古堡，建于17世纪。

叫夏湾的小村庄，位于金塞尔市外两三英里。布勒南不得不跟一个漂泊不定的、不安分的哲学家同住，因此变成了一只很习惯于四海为家的狼狗，跟着我从阿拉巴马去了爱尔兰和英国，最后又到了法国。拍这张照片时，布勒南想是已经7岁左右，那天是我35岁的生日。

我第一次带着布勒南跑的距离不长，但也并非完全无事。我从起居室跑到卧室，跑到书房，跑到下一个卧房，跑到另一个房间（我一直都不知道用那个房间干什么），跑到厨房，跑到储藏室，跑出屋子。我当时并不经常跟在它后面跑。我那天把它买回家，把它领进屋子。它的第一个行动是撩开每一个房间的窗帘，终于找到了一扇敞开的后门。它跑到院子里，穿过另一扇敞开的门，设法钻到了屋子底下。在那里，它撕破了所有包着软套的管子，那些管子把空调的冷气送进屋子。那两分钟让我损失了 500 美元,这正好等于我几乎不到半个小时前花的那 500 美元,我用那些钱把布勒南买了回家。当时,那笔钱是我年薪的 20%。

一只贪玩的狗崽,你也许会这样想。但它长大后似乎也没变得成熟。若说它有了什么变化,那就是变得更糟了。不妨说,布勒南具有某种特质。只要我不理它,短短几分钟它就会毁掉它下巴底下的一切——它的背部离地板有 35 英寸,所以被它毁坏的东西就很多,尤其是没用螺丝拧在天花板上的东西。我不知道它是不是很容易烦躁,是否有隔离焦虑症,是否有幽闭恐惧症,或者是否同时有所有这些症状。但结果是,布勒南必须跟着我到各处去。我去讲课也带着它。它在课堂的一角躺下睡觉:反正大多数情况下都是如此。它若没有睡觉,事情就变得有意思了。我参加的任何社交活动——酒吧聚会、晚会——它都到场。我若大声讲话,它就扮演凶猛的陪伴者的角色。有十多年的时间,布勒南和我的关系一直十分密切。

与它这种破坏癖相伴的是它用之不尽的能量。布勒南还是狗崽时,以及后来成为成年狼狗时,都喜欢玩一个游戏:它常常从我正坐着的沙发或扶手椅上拽下靠垫,跑进花园,而我连忙追出去。这是一种追逐游戏,它很喜欢。但它越长越大时,就决定改变这个游戏。一天,我正坐在书房里,我的沉思被一阵"砰——砰"的巨响打断了,声音来自通向后花园的那个房间。它没从扶手椅上叼下靠垫,再跑到屋外的花园,而是把整个扶手椅叼走,也许它认为这样获得的回报会更多。巨响是扶手椅发出来的，布勒南用嘴紧叼着它，椅子一次次地撞在了门框上。我想，我正是在这一刻悟到了一点：考虑到这一切，若是布勒南经常累得筋疲力尽，那倒真是件好事。因此我们每天的一同散步就改成了每天一同跑步。这就是我成年之后开始跑步生涯的方式、时间和理由。多年里，我们的跑步活动跨过了大洋，跑步的距离也不断翻倍。但我们以同跑开始了在美国阿拉巴马州塔斯卡卢萨市的那一天。就在那张扶手椅撞着门框，发出了"砰——砰——砰"的巨响后，我们开始一同跑步。

亚里士多德说，任何存在的事物——物、人、事件或过程——都有四种"因"。亚里士多德指的是类似于被我们称为"解释"的东西。任何存在的事物——我的跑步也不例外——都可以用四种不同的方式解释。我们若想理解这个问题，就必须理解所有这些方式。亚里士多德会说，布勒南就是我跑步的"动力因"。某个事物的动力因就是该事物的直接推动力。一只台球撞击另一只台球——引用哲学家们谈论这个问题时最常用的例子——使后者运动，第一只台球的运动就是第二只台球运动的动力因。布勒南能量无限，喜欢破坏，我根本不想试验它的极限，它就是我不断跑步（日复一日、风雨无阻）的动力因。

它四岁左右时，我们从美国的阿拉巴马州迁居到了爱尔兰的科克郡。在那里，布勒南很快就有了另外一些动力因。布勒南必须接受六个月的隔离检疫。这个做法可以回溯到宠物护照之类的东西出现以前。当时的英国政府和爱尔兰政府，显然没时间使用路易·巴斯德和埃米尔·鲁1885年发明的狂犬病疫苗。布勒南获释后，我发誓要让它的后半生过得尽可能幸福，因此决定给它找个朋友，那个朋友比我腿多，鼻子也比我的凉。结果我就找到了尼娜，德国牧羊犬和爱斯基摩犬的混种。下面是尼娜的照片，是在诺克达夫小屋拍摄的，那是一个草草搭建的、摇摇欲坠的小屋，我们都住在那里。尼娜当时还很年轻（它的鼻子永远是灰色的）。照片上，它彻底摆出了一副"带我去跑，否则我杀了你"的架势。

尼娜到来两年后，布勒南单方面决定扩大它的狗族。于是，它便与一只白色的德国牧羊犬有了一次违法的约会，地点在离小屋几英里之外——大约14个星期之后，苔丝就出世了。苔丝在很多方面长得都像其父亲。它身上的毛大多都是灰白色的，而不是棕褐色的，但你一定能看出它是谁的女儿。我记得，苔丝是更温和、更文雅版的布勒南：一只玩具式的狼狗，美丽但有一点儿圆浑、蓬松。苔丝从来没有它父亲的生硬棱角，它的外表远没那么粗糙。它完全是一只幼崽，个头太小，小得不像真正的狼狗。它优雅，隐忍，喜欢舒适。它全身连一根好斗的骨头都没有。一次，我把苔丝从一只凶悍的杰克罗素梗犬①那里救了出来。这主要是因为尼娜对苔丝毫不宽宥。尼娜年岁大一些，是排位第一的雌犬，并打算保持这个地位。苔丝表现出的主张其权利的一切征兆，都会遭到尼娜的无情镇压。苔丝若是回击那只小猎狗，尼娜便很可能加入打斗，但不是站在苔丝一边。尽管如此，正如你（在照片上）所见，它们还是最要好的朋友。

照片上的苔丝差不多六个月大，日后长大了不少。它完全长成后，个头比尼娜稍大一些。当时大家都以为它会小得多。

尼娜和苔丝似乎都很崇拜布勒南——至少它们模仿布勒南的一举一动。这绝非好事。我若不理布勒南，它就会吃掉我的房子和我拥有的一切。因此你能想象这三只狗在一起会干出什么来。我们坚持每天跑步，跑步欲也越来越迫切了。

---

① 英国南部的一种猎犬。

布勒南、尼娜和苔丝就是我开始跑步、每天坚持跑步的"动力因"——无论天气好坏,无论我的身体状况如何。我若不跑步,就会出事。得重病,失去一个肢体或类似的东西,这种事情很可能找上我。但若是那样,我想那几只狗一定会盼着我坐在装了马达的轮椅上,在小路上转悠。那些动物需要奔跑,不会需要任何理由。

不过,亚里士多德若是正确的,我们就应当理解更多的原因,而不只是"动力因"。他写道:

> "原因"意为:(1) 在某种意义上,指某种存在造成的结果,那种存在造就了某个事物,例如制造雕像的青铜、制作杯子的银子;(2) 在另一种意义上,它指形式或样式,换言之,即构成形式或样式的基本规则与种类;(3) 最初的变化或休止的来源,例如,设计者即是因,父为子之因,而一般地说,生产者是被生产者之因,改变者是被改变者之因;(4) 与"目的"同义,即终极原因,例如散步的"目的"是健康。

在此,"动力因"这个概念属于第三个定义。布勒南、尼娜和苔丝就是我跑步的"动力因";因为父为子之因。若论及雕像(这是亚里士多德最喜欢用的例子),雕像的"动力因"就应当是雕琢大理石的雕刻者。从这个意义上说,布勒南,还有尼娜和苔丝,就是我跑步的雕刻者——它们雕琢了(也许还啃掉了)我这个终日待在家里的懒人,露出了潜藏着的跑步者。但要理解雕像,我们就不应仅仅理解"动力因",还必须理解亚里士多德所说的雕像的"材料因"和

067

"形式因"。雕像的"材料因",就是制作雕像的材料——大理石块或雕刻师采用的其他任何材料。雕像的"形式因",就是它的形式或形状,即雕的是什么——狼、狗、人等。要理解雕像这样的东西,你不仅必须理解雕刻者是谁或者是什么(动力因),而且必须理解雕像是用什么材料制作的(材料因),并理解正在制作的雕像是什么样子(形式因)。

当然不存在抽象的跑步。只有跑步者的跑步,只有某个身体改变其位置、从甲地移动到乙地的具体情节。我跑步的"材料因"和"形式因"在我身上结合了起来。我跑步的"材料因"就是我:马克·罗兰兹,一块肉。我跑步的"形式因"就是这块肉的结构方式。准确地说,那是一种什么方式呢?

亚里士多德把人界定为有理性的动物。与之呼应,虽说有不算少的反证,我们现在把自己界定为智人。当然,我们完全有理由为大脑皮层迄今的发展感到高兴。我们的大脑皮层很大,令人印象深刻。另一方面,我们(几乎同样有理由)也会关注我们很大且令人印象深刻的臀部。

我跟布勒南开始跑步时,产生过一种相当令人遗憾的物种嫉妒。布勒南常用优雅而有效的动作在地面上滑行,我永远无法与它媲美:从远处看,它就像飘在地面之上一两英寸的地方;而我则相反,像一只笨拙的、无羽毛的两足动物,一只双脚灌了铅的猴子,在它身边喘着粗气,制造出沉重的脚步声。在《哲学家与狼》这本书里,我详细地抱怨过这种不幸。

这当然是相对而言。在狼狗旁边，我的表现也许并不算好，但与其他猿类相比，我跑起来其实并不算太差。我这里说的"其他猿类"，指的是非人类的动物。像其他许多人一样，在奔跑方面，我比我那些猿类表亲强得多。我那些已被增强的能力中，我的臀中肌相当重要。大猩猩、黑猩猩、类人猿的臀中肌从来都不发达，都不像我的臀中肌那么大。区分了我和我那些猿类表亲的，是臀部的大小。出于完全可以理解的原因，我们人类愿意关注大脑皮层，或在紧要关头关注格外灵活的大拇指。但我想有个例子可以证明：臀部是人类身体运动的最高发展，是一种决定性的表型修正，为其他一切发展铺就了道路。正是臀部使我们能直立奔跑，而不是像其他猿类那样用指关节行走，磕磕绊绊，好不羞惭。猿类从树上下到地面，这再好不过了；但若没有臀部，它们下到地面后其实也不会有多少作为。

我已到了这样的年纪：若不跑步，我的臀部就会瘪下去。我的内脏会变大，臀部会变得扁平。我已经是这样的人了。若不跑步，我的肩部会变宽，体毛会增多，越来越像大猩猩。若不跑步，我便会退化（至少在身体方面）成猿猴，而进化若没有使臀部变大，我便会是那样的猿猴。跑步保持了我与一种鲜明的人类特征的联系——我的大臀的人类属性。

臀部永远与我相伴——无论我变成了什么，我的臀部都在，它也在时时提醒我：就我的生活而言，我身体构造的设计是多么差劲。人类——至少是人类那些公认的大臀先驱——最早见于大约200万年前的化石记录。直到大约1万年前才出现了农业。在其余的199万年中，我们只是靠狩猎和采集为生的人。我们若把目前人类从祖先到目前的演变想象为时钟上的24小时，那么惯于久坐的、现代的我——在一天的大部分时间里坐着，吃些栽种的、由别人摘下来的食物（我年轻时，则是吃那些被饲养、再被宰杀的食物）——则至多是在午夜前几秒钟才出生的。

罗兰·柯戴（Loren Cordain）[①] 说：靠狩猎和采集为生的男性，在其每天的身体活动中，每克体重消耗的热量大约通常是25千卡。现代久坐办公室的人，每天每克体重消耗的热量通常少于5千卡。在工作日中增加3公里的步行，只能给每天每克体重增加不到9千卡的热量消耗。只有引进一些更强有力的锻炼形式（例如以12公里时速跑60分钟），才会开始产生我们石器时代的祖先们达到的体能消耗。

不用说，我们是进化过程的产物。完成进化需要漫长的时间，即使进化也许不像人们想象的那么缓慢，从进化的角度说，10 000年仍然不过是一眨眼的工夫。以往的10 000年里，我们身上发生的

[①] 美国生物学家，美国埃默里大学教授，著有畅销书《旧石器时代饮食食谱》(*The Paleo Diet Cookbook*, 2010)，提倡原始人健康饮食的观念，即以肉食为主、不吃粮食、不喝牛奶、没有烹调、全面生食。

一切生物学变化都比较小。一个不可避免的结论似乎是：我们现代久坐的生活，并不是为人类的身体设计的，至少从生物学上说，我们的身体构造很不适于这种久坐的生活。臀部有助于让人坐着，这是个普遍的错误概念——虽然普遍流行，深入持久，但它仍然是错误的概念。相反，臀部似乎有助于奔跑。我们经历了进化，变成了现在的我们，我们就是最快乐、最健康的。

跑在我身边的，就是这条真理的活生生的表现。我们跑下一条很陡的小路，它向左拐，把我们带到了查尔斯堡。这是一座星形城堡，建于17世纪，如同爱尔兰的许多事物一样，它也属于古老得多的林库兰堡。这座城堡处于我们跑步的线路上，标志着这次过山车式跑步的最低点。我们沿着弯路跑，城堡的南墙和西墙——斗鸡场城堵和魔鬼城堵——赫然出现在我们眼前，预示我们应当快速转弯。至少，我们若没有攀登东面一座陡得吓人的小山，本来会跑得快一些，再沿着一条回家的长路，跑回诺克达夫小屋去。

在这个山坡上，我必须当心。一则威尔士谚语说："老年不是独自来的。"最近，我的老年初期已随着小腿的某种问题到来了。跑下这么陡的山坡，相当于我体重7～12倍的重量被放在了每一大步上，而在过去的六个月里，我的左小腿已有两三次出过问题（我在恢复期间不得不买一辆山地自行车，好去训练那些狗）。我穿上新跑鞋，怀着新的谨慎，从以前从山坡上往下冲变成了小心慢走。在山脚下，在魔鬼城堵的阴影里，我松弛（但愿这个词还算准确）了下来，准备爬山回家。

尼娜身上带着牧羊犬的标志，但它的肩膀很粗壮，满是肌肉，而它的桶状胸也表明它属于那种为了拖曳而养的狗。其实，它是狼族一次巨大分裂的产物，据当今的估计，狼族的那次分裂发生在15 000～30 000年前（对，当今的估计就是这么精确）。它表现为随机突变和自然选择。没人能断定它为什么发生，但这似乎是看似最可信的解释。由于简单的基因变异，一些狼的逃跑域值距离降低了。换句话说，它们比一般的狼更能忍受这些新的、陌生的、大臀的猿类去接近它们。其结果是：它们遇到了一些明显的危险，也获得了某些机会以逃避它们那些较谨慎的同类。这些狼开始特化，终于能吃那些猿类不吃的东西了。它们变成了食腐动物。一些狼早就学会了这一点：若打不过那些大臀的猿类（事实证明正是如此），就必须加入它们。

剩下的就是历史了。只要稍微一想，我们便会相信这种进化策略取得了多么难以置信的成功：地球上的狗有4亿只，而狼只有40万只，这就是无可置疑的证据。作为其新的小生态位的结果，狗的确发生了某种较小的表型变化。与其身体相较，其头部变小了一点：食腐动物的大脑通常都小于猎食动物的大脑。但在本质上，狗和狼是相同的：15 000～30 000年并不足以使进化喝完它的早餐咖啡，更不用说造就任何决定性的生物学变化了。正因如此，1993年以后，狼和狗才被归入同一个物种。

食腐动物能从跑步——我们一同进行的那种跑步，人犬同跑——获得什么益处呢？你可以理解为：对特化为能吃人类不吃之物的食腐动物来说，速度的瞬间爆发很有益处。人类可能是无法预知的。这样一种生灵，一英里一英里地以同样的节奏小跑，又有什么益处呢？但这么做若对尼娜这类动物毫无益处，它为什么这么乐此不疲呢？我们一起冲到门外，它知道了即将去跑时，为什么会兴奋得发狂呢？

你也许会认为养它就是为了这个。养德国牧羊犬就是为了牧羊，养爱斯基摩犬就是为了拉雪橇。这两种活动都涉及大量的奔跑。这话不假，但这并不是全部理由。热爱奔跑与犬种无关。除非狗被其人类主人毁坏——必须承认，这并非不常见——否则，狗就一定想要奔跑。至于它是猎狗还是狮子狗，都无关紧要：只要它知道了奔跑是什么，就一定会热爱奔跑。

真正的答案是：尼娜和其他所有的狗都来自某种古老得多的物种。尼娜身上的一小部分是以往的 15 000～30 000 年造就的，不仅如此，更重要的是，它还是以往的数百万年造就的。诚然，我喂它食物时，它很高兴；它也喜欢把它的窝设在我们那座透风的小屋的炉火前。但让尼娜最高兴的，却是精力充沛地在小路上搜寻野兔。尼娜在本质上仍然是狼狗：它做狼狗做的那些事情时最快乐，状态最好。

尼娜和我都来自某种古老得多的物种。我也许是有理性的动物，但因此我也是动物。我这种动物，不是以往的 10 000 年造就的，而是那10 000年之前的数百万年造就的。与狗同跑,就是我对自己人类属性的最清晰体验:这是"我是什么"与"我该是什么"的完美契合。沿着这些满是尘土的、蜿蜒、陡然下斜的小路,与狼狗一起跑,我回想到了如今之我的"形式因"和"材料因":一只大臀猿猴,天生会跑。

我(和跑步同伴)跑步时,产生的想法并不总是完全严肃的。这不一定是坏事。有时,这些想法带着几分滑稽意味,那就再好不过了,这不是因为它们告诉我的东西,而是因为它们展现给我的东西。"大臀猿类"这个假定无疑是正确的。

从动力因、形式因、材料因的角度做出的解释,都属于历史角度的解释。注意动力因时,历史是很晚近的——布勒南、尼娜和苔丝的破坏性努力的结果,完全是我最近的历史中出现的事件。若把注意力转移到形式因和材料因上,历史便远不那么晚近,而且会涉及一些生物的力和文化的力,它们把一团肉造就成了某种能跑一定距离的东西。尽管如此,无论是远是近,无论在近端还是在远端,在以往,这种力量还是把人类引向了当今。"大臀猿类"的假定包含着滑稽意味,也提供了一个重要线索,使我们知道了此类解释是多么值得怀疑。

"大臀猿类"的假定来自我的思想有时跟它们自己玩的一个游戏——"我来自某种古老得多的物种"的游戏。但你一开始玩这个游戏,你便不知道你为什么应当停下来或何时停下来了。例如,我们人类从树上下地时,我们是食腐动物,而不是以狩猎为生的动物。那么,我为什么把自己看作一只天生会跑的"大臀猿类",而不是看作一只胆小、狡猾、快速奔跑、靠吃那些天生会跑的动物吃剩下的东西为生的动物呢?在那之前,在我们人类从树上下地之前,我们是攀行动物。我为什么把自己看作一只高于攀行动物、会跑的猿猴呢?这是不是因为我在时间上更接近呢?——在时间上,我离会跑的猿类比离食腐或攀行的猿类更近。但"在时间上更接近"若是个关键,我为什么不是一只成天坐着不动的猿猴呢?这种猿猴长出了膝盖,具有操纵的智能(它用这种智能指使其他猿猴去觅食),其大臀的确就是为了坐着。总有一天,我一定要把"我来自某种古老得多的物种"这个游戏玩到其逻辑的顶点,看看我会止于何处。

就算有办法绕过这个难题,就算有正当的理由认为我的身体构造属于以狩猎为生的猿类,也仍然存在另一个更常见的难题。"我来自某种古老得多的物种"的游戏假定:对我这个物种带来的问题,根据生物学的历史可以做出毫不含糊的回答。但它若没有做出这样的回答,那会怎样呢?相反,我的生物学历史若证明:我是由许多不同的物种胡乱混合而成的,作为其结果的整体刚刚能维持生存和个体完整,那又会怎样呢?人们有时以为,进化过程中若形成了臀部、小腿、双脚等东西,那么无论这些东西是什么,它们都是为了完成手头工作而做出的完美设计。这个看法忘记了一点:进化与其说是生命的建筑师,不如说是为生命打杂的人,这个打杂者的能力值得怀疑,也犯过大量错误,此外,他还发现自己服务于一位吝啬的顾客。他可以在这里抹一点漆,在那里抹一点漆,但绝不允许他篡改已有的结构。这就是进化发现自己一向所处的位置。那位吝啬的顾客叫作"生存"。你若大大地篡改了已有的结构,即现有的生物,生存就完全变成了它并不想成为的事情。生命的结构一旦发生了重大改变,生命的飓风就会摧毁那些临时搭起的脚手架。这些变化必须是小型的:这个游戏就是渐进的增长。

因此以鱼的进化为例,鱼从前在海里快乐地游水,但当前的环境状况变化无常,而这意味着,长期躺在沙滩上伪装自己可能是个良策。所以鱼便侧躺在了沙滩上,而为了便于伪装,它渐渐变得越来越扁了。你的一只眼睛若整天都埋在沙子里,你会怎么对待它?那只眼睛在其所在之地根本没用。万物平等,而在万物进化的宏大格局里,万物却几乎从来不曾平等过。鱼若有两只眼睛,那会更好,因为可以用它们监视捕食者和猎物。因此进化便有两个选项:第一个选项是生成一只新眼,但那会使你付出代价。必须投入大量的肉体资源和神经资源,才能实现这个策略。第二个选项是启用你那只已有的、尚未用过的眼睛,其代价小得多。于是,进化便这样做了。比目鱼脸上那些奇形怪状的扭曲特征,就是这种进化史的证据,也证明了它体现的那种俭省的解决办法。以前以游水为生的鱼,其眼睛位于身体腹侧;而现在,大部分时间都待在沙子里的鱼,其眼睛发生了扭转,重新定位于现在的身体背侧。进化的运作与此很像。从不曾有人给它一张空白的纸,它只能胡乱地修补已有的东西。

所以我们必须假定：有一种树栖动物，也许由于环境状况的可供性或苛求，它们开始把越来越多的时间用于在陆地上行走。这虽然危险，却有可能使它们获益。没有人能真正地知道为什么会如此。一些推断认为：这是因为树木提供的食物——树叶，有时还有果实——已不足以维持其生存。另一些推断认为：这是因为我们的身体已变得太大，而树木已不能为我们提供足够的保护，使我们不受捕食动物的侵害。能负载我们体重的树枝，也能负载捕食动物的体重。但无论出于什么原因，一种小生态位被打开了，它为猿类愿意在陆地上行走提供了机会。我们那些最初居住于河畔林地具有人类特征的祖先，渐渐地扩大了他们的居住范围。在这个逐步扩张的过程中，我们那些祖先的腿更粗大、更有力量了——若没有为两腿提供力量和压载物的大臀部，粗大的腿又有何益呢？粗腿、大臀的猿类，其生存率高于那些腿较瘦、臀较小的猿类。因此大臀的基因便增多了，并遗传给了如今的我们。

但这里有个障碍。大臀仍是两条本质上属于猿类的腿之间的连接点，腿一端长着两只本质上属于猿类的脚。进化是打杂的小工，不是建筑师。它不得不利用已有的东西。应当承认，它一直都在利用双腿，也在利用双脚。它们现在已和我们祖先具有的腿和脚大不相同了，而我们的祖先和我们的猿类表亲都有那样的腿和脚。但尽管如此，进化还是不得不利用已有的东西，而即使在那个时候，那些东西的构造也并不十分完美。我们必须预期会出错。没有任何保证——远远没有——我们不能保证这些属于猿类的腿和脚，将能操纵这个新增压的臀部使它们去操纵的材料。即使这些属于猿类的腿和脚能够操纵那些材料，也根本不能保证我们所有的人都能如此，或者不能保证大多数人能够如此。

说到底，"天生会跑的大臀猿类"的假定是由一个信念激发出来的，相信进化找到了一种完美的解决办法，解决了一位十分吝啬的顾客向它提出的成本效益难题。要求提供一切，尤其是要求盲目的生物进化过程提供一切，这太过分了。随着时间的推移，进化的确或多或少地校正了事物。但是，这种"大臀的、用属于猿类的腿和脚奔跑的"物种却太新了（这是相较而言）。它根本不像心脏、肺和血液。进化有大量的时间去熨平这个物种造成的问题。这些事情需要时间，而进化若有足够的时间，用它造就人类的策略综合地解决这些问题，我会十分惊讶。其实，我们也许是断裂的动物①，即使在生物学的意义上也是如此。我们天生会跑吗？从距离恰当的进化论角度看，我们可能天生就会做许多事情，但那些事情也许全都互不相关。我们也许是杂交的物种，每一种有生命的东西都是如此。

对一切事物的第四种解释，即被亚里士多德视为最重要的解释，是事物的"目的因"。某个事物的"目的因"告诉我们该事物是什么。"动力因"告诉你做成或产生某个事物的是什么。这个余下的原因——亚里士多德称之为"目的因"——告诉你为什么制造这个事

---

① 意为由不同的片断拼成的。

物。一切事物的"目的因"就是它们的原因。"目的因"就是行动的目的，就是做出行动的理由。

我似乎已经解释了跑步的"目的因"。我跑步是为了挽救我的屋子和财产，不让它们毁于先是一只、接着是两只、最后是三只犬科动物之腭。这当然很像是我跑步的"目的因"。与我同跑的犬类伙伴及其破坏性倾向，为我跑步提供了推动力——它们是跑步的"动力因"。此外，跑步的目的又是使它们变得愉快，愉快得足以不去吃我实际拥有的几样东西。我跑步的"目的因"，基于我保护我所剩的财产的愿望。我若不在乎那些财产——例如，我若不在乎布勒南会不会给沙发咬个洞（发生过这种情况），或者不在乎苔丝会不会咬断一台几乎是刚买的电视机的电源线（发生过这种情况，幸好我当时没有插上电源），或者不在乎尼娜会不会在一面隔断墙上咬个洞，大得能让它钻过去（发生过这种情况，尽管我不能完全保证有足够证据认定那是尼娜单独所为——它只不过是被抓到了现行），那么这几只狗的破坏倾向便根本不是我跑步的理由。

但这只是描述了我跑步的"目的因"，并没描述跑步本身的"目的因"。若说这就是我跑步的"目的因"，那么其他人跑步就也有各自不同的"目的因"。究竟有多少人跑步是为了防止一群狼狗不去破坏他们的财产呢？一些人会为了自己的健康跑步，另一些人为了缓解办公室（甚至家庭）的压力跑步。有些人跑步，是因为他们能在跑步中交友。还有些人跑步，则是因为希望在他们参加的赛跑中获得奖牌。即使我们聚焦于我个人,我引述的那个特殊的"目的因"也只能在我人生的某一时期起作用。这些理由都不是跑步的"目的因",而只是我在某个既定时间跑步,或者你在某个既定时间跑步的"目的因"。

跑过查尔斯堡时,我向左转,跑上了一座很陡的山。这需要艰难地攀登数百码。在魔鬼城堵的阴影里,我顽强地艰难前行,时而向上,时而向下。但这根本不算什么。我向右转,再次朝山下跑,经过一座农舍和几座小屋,利用下坡收紧和放松我的肌肉。我本来可以继续朝山上跑,那座山很快就会变得平坦;我本来也可以比较轻松地朝着回家的方向再跑几英里。有些日子,我若病了,便会运用这个办法。我们继续下坡,在山脚下先向左跑,再向右跑。现在我们来到了跑步中一个虽然严酷、但很有利的部分。我从查尔斯堡就盼着这个部分,当时肾上腺素在我后背流过。我们在一座山的脚下,那座山向远方延伸,陡峭得令人生畏。从山脚仰望,那座山像是一堵墙,不像一座山。我的目标是尽快跑上这座山。我绝不能停下来,绝不能胆怯,我甚至绝不能慢下来。我若停了,怕了,慢了,这次跑步就失败了。这是个不可能达到的目标——但有时这就是最好的目标。

我直视着自己的脚。我若抬起头,便会觉得自己会仰面朝天地倒下去。那座山始于陡峭,然后是更加陡峭。我知道:我若起码意识到这一点,我若知道自己不得不跑多远,我若知道这种痛苦会持续多跑步的目标是从甲地到达乙地。或者说，你若从你的屋子出发再跑回那里，那就是你从身在甲地的状态，在指定的时间，后来又回到了身在甲地的状态。很多方式都能达到这个先游戏目标：开车，走步，骑自行车。当然，目标若是从甲地到达甲地，你只要原地不动即可。跑步就是我们选择一种较难的方式去达到这个先游戏目标。一般的游戏都是如此，并不仅仅是跑步。玩游戏，就是采用一种（比较）困难的方式达到一个目标，而在大体上，采用其他不那么困难的方式，也总能达到那个目标。我们之所以这么做，完全是因为它能使我们参与这种方式达到目标的活动。我们这么做，完全是为了玩游戏。任何跑步都可以是游戏——取决于我们为什么跑步。的确，我似乎必须走得更远。跑步的本质是游戏，游戏是跑步的本质。即使我们出于其他特殊的理由跑步，游戏也在跑步的核心。不断地重申着自己。跑步可能很难，而若以恰当的方式进行，它便完全不难了。游戏也能很难——像工作一样难。我总是把我的跑步（为自己跑、为别人跑）说成是对那三只大个头颇具破坏力的犬科动物给我的压力的反应。我相信这一点，这一点有时甚至可能是真的。但现在我开始懂得：这只能是部分的事实。必须一直使那些动物尽可能地筋疲力尽——这才是事实。但我本来可以选择一些比较容易的办法。我本来可以在田野里走，而不是在街巷里跑——那几只狗会跑得一样多，而田野里若满是野兔，那些狗甚至会跑得更多。我本来可以经常使用我的山地自行车——而不只是我

097

久，我便会停下来。我的双腿——它们带动着我，拖曳着我——就像着了火。我觉得自己的肺就像自动地从里到外翻了过来，正在尽力获取抗击乳酸燃烧所需的氧气。我继续跑，跑到下一个壶穴①，又到再下一个壶穴，最后是跑步全程中最艰难的一段。我跑到了山顶，斜坡开始变得比较平坦了，我终于完成这个任务了！不，难点在于此刻要继续跑，继续拖着两条腿往前跑。乳酸燃起的火仿佛蔓延到了体外，终于变成了一种遍及全身的麻木和衰竭。我的肺又开始工作了，继续拖着我的两条腿往前跑。这时，我突然感到头晕恶心，而这比我此前遇到的任何情况都糟糕。我有时会呕吐——并不经常，但也算够经常了，但我仍然坚持跑下去。那种遍布我全身的晕眩感，终于被温暖的成功感取代了。我大吼了几声，那几只狗围着我跳。接着，跑步那种缓慢、温和的节奏就再一次占了上风。

那些或许真有意义的奋斗的日子，也许早就成了过去。我不再从事那种或许得益于折磨人的运动了。这种攀登的最明显特点，就是其纯粹的无意义性。我可以慢跑上山，我甚至可以漫步上山——那几只狗不会介意。但我却冲上了山头，那儿有理解跑步的"目的因"的线索（尽管我当时还不懂），那不是我跑步的真正目的，也不是你跑步的真正目的，而是一般的跑步的真正目的。"冲上山"与其他跑步方式没有什么不同。问题在于，"冲上山"这个举动格外清晰地揭示了跑步的"目的因"。起初，我是受到先是一个，然后是两个，

---

① 岩石上的凹穴。

最后是三个"动力因"的推动，才去跑步的。但我被迫进行的跑步，其本身却有一个"目的因"——有一个理由。

在那座山上，我累得要死，拼命喘气，体内的乳酸在静静燃烧，使我感到十分痛苦——在这个瞬间，我不想去做世界上任何事情。我跑上那座山，只为了一个理由：朝山上跑。这就是理解跑步的"目的因"的线索。你和我出于许多理由跑步，但跑步的目的——跑步的"目的因"——却总是相同。从最佳、最纯粹的意义上说，跑步的目的就是跑步。跑步是人类各具目的的活动之一。跑步的目的是跑步本身固有的。我总有一天会懂得：这很重要。

4. 美国梦

2007 年

  我们的一侧是一些汽车,开得飞快,另一侧是几辆园地洒水车,发出噼啪声和嗡嗡声。每一次跑步都有自己的心跳。清晨,我正跟尼娜和苔丝一起跑步,地点在迈阿密郊外的街道。12 年前,我和布勒南离开了阿拉巴马。这 12 年间,我们曾在爱尔兰南部的绿野和小路上跑,在温布尔登公地①泥泞的林地上跑,在彭布洛克郡②的山区跑,最后又在洒满落日金辉的海滩和长满了紫色熏衣草的田野里跑——提到朗格多克③,就总会想起这些来。我的老友布勒南如今已死,其遗骸埋在了一片沙土灌木林里,葬在奥伯河④三角洲一块

---

① 位于英格兰东南部。
② 位于威尔士西南部。
③ 旧日法国南部的省。
④ 法国朗格多克省的河流。

幽灵般的大岩石底下。在那些地方跑了一大圈以后，如今是某种回归（至少对我来说是如此）。几天前，我们都搬到了迈阿密。可怜的老尼娜和苔丝，它们也都老了，再也不能完成这些跑步。我一直否认这一点，但事情就是这样结束了。今天是我最后一次跟它们一起跑。今后的跑步将会变成慢走。只过了一年多一点，它们都死了。先死的是苔丝，死在它父亲的土地上，它和它父亲患了同一种癌症。三周之后，尼娜也死了。我至今仍认为它是因伤心而死。

这是我在美国第二段生活中的第一次跑步。我回想起了我在美国的第一段生活中的最后一次跑步。那是一次悲伤的跑步：一去不复返的跑步。那是一次恐惧的跑步：一次不知道还能跑几回的跑步。短短几天之后，我就要把布勒南送上飞往爱尔兰的飞机，让它去接受隔离检疫。但在那一刻，我们跑着穿过阿拉巴马州塔斯卡卢萨市清晨的街道时，它还在我身边"飘"着。我搬到那个城市时24岁，刚从牛津大学毕业，开始我的第一份真正的工作。我以牛津的衣着风格开始了职业生涯。我去上班时，穿着颜色鲜艳的运动衫和法兰绒衣服；而最后一次我去上班时，穿得却很蹩脚：T恤衫、短裤、搭配胶底凉鞋，还梳着马尾辫。我并没期望我那第一份工作变成一场长达七年的聚会，但事情的变化有时很难预料——这正是生活最讨人喜欢的特征之一。七年之后，我参加了上百次橄榄球赛，喝过了上千杯龙舌兰调和酒①,喝过了数不清的、每瓶至少卖25美分的长颈瓶啤酒,准备离开阿拉巴马。我刚到阿拉巴马时,比我的许多学生都年轻。因此我参加了大学的学生橄榄球队,进入了围绕着它的、相当离奇的亚文化,这也许就毫不奇怪了。但我一直到31岁才知道它。我当时太老了,学生的聚会已与时俱进。只有经过那么长的时间,你参加学生聚会时——甚至参加学生橄榄球聚会时——才不会先感到几分悲哀,接着感到几分恐惧。我先是怀疑我已越出了悲哀的边界,想赶快离开,然后才产生了几分恐惧。谁都不曾从恐惧中返回。

我住在阿拉巴马的最后四年里,布勒南一直陪伴着我。四年,每一个酒吧,每一次聚会,每一次外出旅行,布勒南都跟我在一起。它保持沉默,不偏不倚地看着眼前的啤酒、酒后饮料和调和酒,也不偏不倚地看着我追求的女人和追求我的女人。当时,我要让自己离开那些正在成为我生活中灾祸的事情(那种事情完全是不可避免的)。我们要去爱尔兰,那是安静之地,我能在那里写作。但布勒南必须先接受隔离检疫,因此在其后的六个月里,我就见不到我的这位朋友和兄弟了。

那是一个周日的清晨。头一天我们参加了一场比赛,赛后又是

---

① 以龙舌兰酒(烧酒)为基酒,加烈性甜酒(利口酒)和非酒精饮料而成的酒,盛入40~50毫升容量的矮酒杯,一口饮尽。喝只含酒精的龙舌兰调和酒时需加盐和柠檬片,增加刺激感。

几场躲不掉的欢宴，因此我前一晚就从聚会上溜走了。我对那些街道的记忆很苍白。我这方面的记忆并非不准，因为那些街道本身就很苍白。这个城市的这一部分有一些住宅，住宅的门廊和廊柱都白得令人目盲，反映了体面的南方风雅。后来，阿拉巴马大学的学生接管了那些房屋。那些屋子变成了灰白色的，有了裂缝，墙皮也开始剥落，而这是曾在其中熠熠燃烧的年轻生命使然。但我记忆的黯淡、剥落却另有理由。那些记忆是在我几乎不需要记忆的时候形成的。实际上，破坏记忆的并不是年老，而是年轻。年老是记忆的保护者，是记忆的敬畏者。我形成的那些记忆，在我变老时变得更强烈了。我年轻时形成的记忆，在当时都是苍白的病。

我认识那些躺在沿街的破房子里做梦的人。我曾给其中一些人上课，曾跟其中一些人玩耍，曾跟其中很多人一起参加聚会。我了解那些人，也了解他们的梦，至少是他们愿意说出来的梦。那些梦大多是代理者的梦——他们的父母做过的梦，他们父母心中的那些梦随着尚未出世的孩子一同成长。那些梦是做医生、做律师的梦：挣大钱、住大房子、开昂贵汽车、与有魅力的配偶结婚的梦。这就是美国梦。只要你愿足够努力地工作，你想要什么就会有什么。这是个了不起的梦。这是个大谎。这些梦大多都会辜负我那些睡梦中的朋友。等我回到美国的时候，那些朋友也许已经找到更新、更小的梦了。

我在美国第二段生活中的第一次跑步，并不在真正的迈阿密。

我是说，你想到迈阿密时，其实并不像你所想的那样，不像你住在别的地方时那样。非迈阿密人想到迈阿密时，也许会想到南滩或市区，想到被用在影片《犯罪现场调查》（Crime Scene Investigation）①里的那些摩天楼和经过艺术装修的正面海景房。迈阿密，其目的只是让你知道：你正在看的是《犯罪现场调查：迈阿密》，不是《犯罪现场调查：纽约》。但是，我们可以在任何地方，至少是街道两边有棕榈树和印度榕树的任何地方。其实，我们是在棕榈湾，一个分明属于中产阶级的市郊，位于迈阿密市中心（或者说，迈阿密若是真有中心，那里就算是吧）以南大约十英里。霍拉修·凯恩②不会死在棕榈湾——这里什么事都没发生过。我们出现在这里，说明事物在不断变化。尼娜和苔丝也许正在变老，但也即将开始新的生活。我妻子爱玛怀孕四个月了。我们过着安全、殷实、体面的生活，中产阶级夫妇过的那种安全、殷实、体面的生活。我现在考虑的是学区，更准确地说，爱玛现在考虑的是学区。我从没想过这个，棕榈湾有迈阿密县最好的州立小学。

这是我在迈阿密的第一次跑步。刚跑了20分钟，我就清楚地知道自己讨厌在迈阿密跑步了。这不是因为炎热或高湿。现在是1月的一个明朗、令人愉快的清晨，我想气温大概是华氏60多度③——

---

① 美国哥伦比亚广播公司2000年拍摄的侦探影片，其拍摄地点在迈阿密、纽约和拉斯维加斯。
② 影片《犯罪现场调查》中的主人公、探长，生长于20世纪60年代的迈阿密。
③ 15~16摄氏度。

到了下午，气温会上升到华氏 70 度以上——这短短几个月中，湿度也不会成为跑步的障碍。到了一定时候，我会深情地回顾这些冬季的跑步。我讨厌的是它的平淡无奇，是这些郊区无生命的平地无可救药的单调。没有任何能打破跑步的东西；接近低潮时，不必做任何顽强拼搏的准备；跑到高潮时，也不会产生透不过气的狂喜。

你若从威尔士来，如今住在迈阿密，便常会思念高山。你不一定会很思念别的什么，但一定会思念高山——或者小山，或者任何一种真正有坡度的山。迈阿密的一些地区也有些名义上的"高地"——里士满高地、奥林匹亚高地。这是个不能使人发笑的笑话。它们的高度是海拔八英尺——是这部分地区地势最高的乡村。有时，我会发现自己深情地思念瑞肯贝克堤道，那是迈阿密县最大的斜坡。周末，你若开车经过这个堤道去比斯坎岛，便会看见数十个自行车赛手在你身旁来来去去。这个堤道呈弓形，是那些赛手必须作为训练之地的最大的"山"。

那些自行车赛手也许会发现：在这里从事他们这种业余爱好，会让他们很失望，就像我发现在这里跑步会让我失望一样。但这里对我来说更糟。至少他们真的有地方可去。我还没发现我会出于什么明显的理由去造访"蛇地"——老刀匠路的一段，在以后几年里，我将带着一只狗（它现在尚未出生）到那里跑步。至于现在，严格地说，我还根本不知道自己要去哪里。在这个国家，事情都摊得很大，城市扩展了，那些城市都是围着汽车建立的——我在欧洲期间，汽车已被我忘了。我们从第146街我们的屋子起跑,向北跑到第136街,再向东跑,现在已接近老刀匠路,然后向西跑到第77街,最后跑回我们的屋子。全程足有五英里,而尼娜和苔丝现在也只能跑这么远了。途中,我们稍稍擦过了松峰村①的边界,但我们甚至都不愿意离开棕榈湾。伴随着我们每一大步的,是汽车发出的呼呼声,以及精心修剪的草坪上的洒水车发出的噼啪声和嗡嗡声。

现在是早上6点30分,交通早高峰已经开始。一天的这个时候,人人都会走第77街,因为"美国1街"——或按当地人的叫法"没用的1街"——的交通将完全堵塞。我想,若是可能,很多迈阿密人都会在他们的汽车里淋浴。要喝咖啡、吃松饼,就去星巴克,而在开车上班的路上,则吃喝、梳头、刷牙、发短信、摁喇叭。为迈阿密供水的奥基乔比湖②的水位处于历史最低时,园林洒水车就会出动,把水洒到眼睛能看到的任何地方。我周围的人都匆匆地赶着上班,这样才能挣到钱,支付为他们修剪草坪的园丁的工钱,而草坪的草长得很快,因为那些洒水车整天呼呼响着,给它们洒水,水又发出噼啪的声音。

美国人的假日少于任何一个发达国家。美国根本没有联邦政府法定的带薪休假。美国虽然(每年)有10天公假,很多美国人还是会在那些假日上班。相反,在法国(我们以前的居住地),人们的应

---

① 迈阿密县的城郊小村。
② 美国第七大淡水湖,佛罗里达州最大的淡水湖,面积1900平方公里,但水位不高,平均为2.7米。

变能力稍多一些，至少在生活艺术方面是如此：法国人每年除了10天公假之外，还享有30天带薪休假。巴西人在这方面也做得很好：每年享受30天法定带薪休假，还有11天公假。立陶宛、芬兰、俄罗斯，其公民每年都能享有40天左右的带薪休假和公假。美国人只想工作。他们很焦虑，这并非没有理由。失业（因此也失去医疗保险）若与罹患重病（甚至不太重的疾病）同时发生，他们便会破产。

但焦虑心理比这分布得更广。美国是以消费为基础的国家。对很多美国人来说，生活的基本需要很容易满足，因此消费便很快转变成了购买人们并不需要的东西。这些东西很快就会破损，我想这大多是因为它们就是为此设计出来的。说服人们购买他们并不需要的某件东西，这并不难：你只要使他们害怕不买那件东西的后果即可。害怕是消费的重要朋友。现在，我夜里失眠（美国人似乎也为睡眠而大大焦虑），而不得不担心一些事情：野草（你家草坪若有野草，你的邻居会规避你）、杂草（比野草更糟，想想你被邻居加倍规避的情景吧）、白蚁（它们显然能在几秒钟之内把你的房子夷为平地）、蜜蜂（你知道，这里的蜜蜂大多都非洲化[①]了）、女王棕榈病[②]（它到处传播）、飓风（其危害不证自明）、椰子（南佛罗里达非交通事故死亡的第三大因素，排在溺水和雷击两大因素之后，毕竟，飓

[①] 非洲化蜜蜂指非洲蜜蜂与欧洲蜜蜂杂交的野蜂，俗称"杀人蜂"，1985年发现于北美，对人和动物具有极强的攻击性，能追人400米，据2016年的报道已造成1 000人死亡。

[②] 真菌感染造成的棕榈树烂根病。

风会把椰子变成致命的弹射物)。这完全是根据我们到这里几天后留在我邮箱里的公司名片整理出来的①。

你若细听,在洒水车发出的嗖嗖声、咝咝声、噼啪声和嗡嗡声里,还会听见美国梦。

摩里兹·施利克(Moritz Schlick)是20世纪二三十年代德国著名哲学家,是所谓"维也纳学派"的创始人之一。维也纳学派是一群科学哲学家,后来以"逻辑实证主义者"闻名。1936年,他被暴怒的学生射杀于维也纳大学校园。我一直打算教授关于人生意义的课程,最近偶然读到了施利克写的一篇文章。那篇文章的标题是"论人生的意义",是施利克年轻时写的,那时他尚未成为著名的逻辑实证主义者。那是一篇论文的萌芽,与逻辑实证主义相去甚远,与你通常从施利克这个名字联想到的东西截然不同。他在1927年写道:"我不知道,目的的负担当前加给人类的重量是否超越了以往。当前把工作偶像化了。"而且据我所知,他从没去过美国。我们向南拐,跑到了老刀匠路。嗖嗖,噼啪,嗡嗡,嗖嗖,噼啪,嗡嗡,美国梦在我周围跳荡着。摩里兹·施利克知道那是偶像崇拜。

我在生活中做的事情,大多都是为了获得其他的东西。我活动的目的,极少基于活动本身,而只是基于某个活动允许我获得的其他东西。但这意味着,某个活动的价值将不会在该活动本身找到,

---

① 负责解决以上问题的专业公司在客户邮箱里留下名片,使作者了解了生活在佛罗里达州常见的问题。

只能在该活动能使我获得的其他东西中找到。我若只是为跑步而跑步，或是因为跑步有助于我活下去，而若这就是我跑步的唯一目的，那么跑步的价值就在于它增进的健康，就在于它延长的生命。健康与长寿都是有价值的东西，这当然不假。我不想否认如此显而易见的事情。我的观点涉及跑步的价值与此类东西的价值的关系。我跑步若仅仅是为了健康、长寿之类的东西，跑步的价值就仅仅在于它允许我获得的这些东西。这样一来，跑步本身就毫无价值可言。若不能在一项活动本身找到该活动的目的，也就不能在一项活动本身找到该活动的价值。

正如我在本书前言中所说，我仅仅为了获得其他东西而做的事情，具有哲学家们所说的"工具性"价值，它们的价值如同工具，能使我获得这种东西。与此相反，本身就有价值的活动具有固有的价值，与该活动允许我获得的任何东西都毫无关系。我做的事情本身的价值，并不能一眼就看出来。但我最好还是希望存在某种东西：若不存在那种东西，那就会像亚里士多德指出的那样，我生活中的一切都没有价值了。假设 A 完全是因为 B 才有价值，而 B 完全是因为 C 才有价值，如此类推，那就会有两种可能：其一，我继续类推这个系列，最终会见到某种本身就有价值的东西——我们称之为 Z，它本身就有价值，并不仅仅因为其他的东西才有价值。在这种情况下，每一种事物的价值最终都追溯到 Z，都来自 Z 的固有价值，这个价值成了其他一切事物的工具性价值的基础。其二，并不存在 Z。

我始终都没找出任何本身就有价值的东西。如此便没有任何东西能作为其他任何事物的工具性价值的基础了。我生活中任何事物的价值便都被永远地推延下去——永远无法找到。如此,我的生活便很像坦塔罗斯受到的惩罚[①]:站在池水旁一棵果实累累的树下。每当坦塔罗斯伸手去摘果子,树枝就自动地升高,使他够不着。每当他弯腰喝水,水就降到他够不到的地方。从这个意义上说,不具备本身价值的生活令人非常纠结。

施利克认为,我若为了另一件事而做某事,我正在做的就是某种形式的工作。这里所说的"工作",其含义比其通常的意义更广,包括原先并未被视为工作的事情。不过,通常意义上的"工作"仍是这种广义"工作"的一个典型例子。我工作是因为我想得到报酬。报酬是外在的目标——我的工作为了达到的目的。同样,我跑步若只是为了保健,或是为了长寿,我跑步就是一种工作:一种为了实现它以外的某种事情而进行的活动,那种事情赋予它目标和价值。我跑步若是因为我认为尼娜和苔丝需要它或喜欢它,我跑步也是一种工作——这种情况下,工作的目的是使我以外的某个对象受益。

能衡量出工具性价值的活动就是工作。因此施利克得出结论说:本身就有价值的活动就是某种形式的游戏。工作的价值总是在于其

[①] 坦塔罗斯是古希腊神话中主神宙斯之子,因泄露了天机,受到宙斯的惩罚。一说他被罚永世站在水中,想喝水时,水就减退。他头上有果子,他想吃果子时,树枝就升高。"坦塔罗斯受到的惩罚"指欲望永远无法得到满足。

他某种事情——某种不是工作的事情。工作本身没有价值。在一定程度上,"工具性价值"这个说法并不恰当,是一种误解。它似乎是说工作有价值,但这完全是一种特定的价值——工具性的。事实上,说某件事情具有工具性价值,就等于说那件事情的价值总是存在于其他事情中。因此那件事情的价值,只有在其他事情中才能真正找到。换句话说,某件事情若仅仅具有工具性价值,其本身就毫无价值。相反,游戏则大为不同。游戏本身就有价值:游戏是为了游戏而进行的,因此根据定义,游戏本身就有价值。游戏有价值,但工作没有价值。由此得出的结论显然是:游戏必定比工作更有价值。正如施利克所说:"我们这个工业时代的伟大福音,被暴露为偶像崇拜。我们生存的大部分活动(如今其中充斥着为了别人、追求目标的工作),其本身毫无价值,只有作为游戏的快乐钟点的参照,才能获得价值,而工作仅仅是为游戏提供了意义和前提。"以工作为生,只能用游戏去补偿。我们做游戏时并不追求价值——因为游戏的价值并不在游戏之外——我们沉浸在了游戏当中。

我也许并不喜欢今天的跑步——其实,我几乎可以断定它是工作,不是游戏——但我很喜欢这个结论的讽刺意味。在我的想象中,我刚刚返回这片建立在拒绝游戏之上的土地。提倡资本主义、拒绝共产主义,这仅仅是某种更深层事物的征兆。美国是个提倡工作、拒绝游戏的国家——至少,美国是它的一些公民很喜欢传播的一个(被视为)共同基础的神话。我们被放在这里,放在这个地球上,就是为了努力工作。工作本身就能使人高尚。游戏毫无意义。我愉快地感到了一种颠覆性：那是一个局外人感到的非常深刻的颠覆性。

也许正是因为这里没有斜坡，我才会亲切地回想起以前在金塞尔跑步时见到的那些山：它们几乎就像直上直下的墙，我常常尽我所能，以最快的速度冲上去。无论出于什么理由，那里就是我的思想自动出现之地。在那里，我第一次知道：我确切地知道了我在那座山上做什么、为什么做。当时，我在跟那座山做游戏。

20世纪奥地利哲学家路德维希·维特根斯坦说："游戏"一词是无法定义的。（游戏的）定义本应指明一切游戏（而且唯有游戏才具备）的共同特征，但并不存在这样一个特征。游戏之间必定毫无共同之处。把游戏连在一起的，仅仅是家族相似性。父亲的鼻子也许和儿子相似，但儿子的眼睛却不像父亲。儿子的眼睛也许像母亲，鼻子却不像母亲。儿子的下巴也许像叔叔或舅舅，或像他的兄弟姐妹，但既不像父亲，也不像母亲。家族具有一种"外观"，但这种外观并不基于家族全体成员的任何共同特征。维特根斯坦说，游戏与此很像。不存在共同特征，而存在一系列交叠的相似性。这个相似性的网络允许我们把活动看作游戏。维特根斯坦认为，这个模型为我们提供了思考一般概念的一种有用方式，并不仅仅是思考游戏这个概念。

维特根斯坦是20世纪最著名的哲学家之一，这不无道理。也许正因如此，很多哲学家才似乎都认为，他关于游戏和一般概念的观点是正确的。运动哲学家小圈子之外相对较少的人，也听说过伯纳德·舒茨（Bernard Suits）[①]——几年前去世的加拿大哲学家。不过，舒茨却做了维特根斯坦所说的做不到的事：他对"游戏"一词做出了堪称相当明确的界定。换句话说，他找出了一切游戏的共同特征——这个特征使所有的游戏都成了游戏。舒茨认为：游戏是一种活动，我们在其中自愿选择一种低效的手段，以达到目标，我们这么做是因为这能使我们参与这种活动。使用舒茨的用语，可以就我对山的纠结做出如下解释：事先就存在一个舒茨所说的"先游戏目标"。这个目标可以具体化为几个独立的游戏。先游戏目标就是从山脚到达山顶。从本质上说，这个目标与跑步无关。我有各种办法从山脚到达山顶。一种容易的办法就是开车上山。缓步上山，也比以全速跑上山容易得多。我对待这个先游戏目标的态度，就是舒茨所说的"游戏态度"。我想达到这个先游戏目标，但并不是任何方法都行。我想用一种特别难的方式达到：用我最快的速度跑步。正是这种游戏态度，使我达到先游戏目标的努力成了一种游戏。我们玩游戏，其实就是把事情变难，难为我们自己。我们选择了做某件事的困难方式——那件事本来可用较容易的方式去做——我们这么做，完全是为了去玩游戏。因此我就是在跟山玩游戏（这就像一个人跟板球拍玩板球，而不是跟一个对手玩板球）。

一般的跑步也是如此，并不仅仅是在那座很难跑的山上跑步。

---

① 加拿大哲学家，加拿大滑铁卢大学教授，其著作《蚱蜢：游戏、生命与乌托邦》(*The Grasshopper: Games, Life and Utopia*, 2005) 是运动哲学的经典著作。

受伤时使用。我选择跟狗一起跑,每天都坚持跟它们一起跑,这就是选择了游戏。现在多亏有了摩里兹·施利克和伯纳德·舒茨,我开始理解我为什么如此选择了。跑步(其实还包括做任何游戏)就是尽量直接地接触生活的固有价值。

跑步是接触固有价值一个特别纯粹的例子,因为跑步正是我们所说的"无分化"活动——一种特殊的无分化游戏。跑步没有结构,或者说,其结构比其他形式的游戏少得多。在运动谱系的另一极,我们发现了诸如板球、乒乓球那种高度分化的运动,因为它们细分成了一些分立的部分。板球比赛分成了局,局分成了回合,回合又分成了单个发球轮次。同样,乒乓球比赛也分成了场,场分成了局,局又分成了单个发球轮次。这些运动中,对运动员的忠告都是:注意每一个打过来的球或注意每一分,而其中一种常见的现象——称为"高度紧张"① 或"运动障碍症候群"② 现象——则是没有听从这个忠告的结果。你若不注意你正准备的发球,或者不注意去接对方发来的球,却开始为自己在比赛全局中所处的地位焦虑,或者你只想着你在上一回合,甚至上一局的表现,你就会高度紧张。你若想到你在板球队的地位受到了威胁,因为你近来没为球队赢得多少分,就完全可能出现运动障碍症候群。你若认为乒乓球比赛中的某一分很关键,

---

① 运动员击球或完成某一动作前出现的高度紧张感(多见于正式比赛),其可能造成的后果之一是,在关键时刻先赢后输,丢掉冠军,故亦称"反胜为败"现象。

② 一种运动障碍性疾病,主要表现为腕关节不自主的痉挛、抽动。这种现象常见于高尔夫球运动员,也见于棒球、网球、台球、飞镖等运动员。

因为你若输了这一分就会输掉一整盘，也完全可能高度紧张。克服高度紧张或运动障碍症候群现象的办法总是一样的：把精神集中于这一刻、这一分、这轮发球，不想其他任何事情。

我们可以用固有价值和工具性价值的概念去理解这个现象。集中关注单独的得分（而不是其他任何事情）时，我们会知道：分数本身包含的东西使它有了价值。一旦不再关注单独的得分，单独的得分便只剩下工具性价值了——其价值与其在比赛大局中的位置或地位绑在了一起。这个分数之所以变得重要，是因为它的意义或含义，并不因为它是什么。一旦不再关注单独的得分，你就迷失了：你会高度紧张。你努力争取赢得每一分时，或为了发好每一个球而努力时，你就是正在做一件事情：游戏。但是，当每一分或每次发球的价值都变成了工具性的，你正在做的就是工作了。

跑步不像以上的球赛那么具有分化性和多层结构。跑步也没有可以辨识出来的组成部分。其中有单独的迈腿和双臂挥动，但这些都彼此相随。因此跑步的状态，其实就像一种高度结构性游戏中的单独片断。在最理想的情况下，跑步是为跑步本身而做的事，是游戏，不是工作。哪怕是为了其他理由跑步，跑步作为游戏的基本性质也有重申自己的方式。

我们生活在一个狭隘的工具性时代，人们很难接受"为了某事本身去做某事"的思想。根本不可能为了某事本身去做某事——每一件事都必定为了另外一件事而做。在我们看来，连游戏都必定具有某种工具性目的。我们知道，动物做游戏是为了习得技能——掠食、逃避——这些技能在日后的生活中有用。儿童也是如此——他们做游戏是其实现"社会化"的整体过程的一部分。这两种情况传达了同样的信息：游戏其实不是游戏。我当然不想否认：看似的游戏可能是真正的工作。相反，许多看似工作的事情却可能是真正的游戏。工作和游戏的区别不在于你做什么，而在于你为什么做。施利克指出："人的行动是工作，这不是因为工作能得到成果，而是因为人的行动只有出于预想到工作的成果，并由这个思想支配，才是工作。"同理，行动只有完全为了行动本身，才是游戏。行动能否带来其他有益结果，与是否把行动看作游戏无关。所以，即使"游戏的功能就是以某种方式为你日后的生活做准备"的观点是正确的，只要你仅仅为了想做游戏（而不为了其他任何理由）而游戏，游戏也仍然是游戏。

这种"为游戏而游戏"的思想有意义吗？我若为了我想跑步而跑步，那一定是因为我喜欢享受它。但跑步带给我的愉悦和快乐，却可能像是跑步之外的目的。因此，我的跑步最终还是被看成了一种工作。但这个推论太草率了。奔跑的快乐是跑步之乐的一部分。世上没有抽象的快乐这种东西，只有这种或那种形式的快乐。比较一下跑步之乐和对弈之乐，比较一下性之乐和赢之乐。并不存在所有这些事情共有的、普遍的东西，即普遍的、不具体的快乐。只有跑步之乐、对弈之乐、性之乐和赢之乐。跑步不仅是一种身体活动——把一只脚放在另一脚前,直到跑完某段距离。跑步也是一种精神活动。跑步之乐并非跑步要达到的、其自身之外的目标,而是构成跑步活动一个不可或缺的部分。

这个部分被"愉悦"一词掩盖了——这个词特别无用,特别言不由衷。愉悦常被看作一种愉快的感情。大致地说,不同的方式可能产生同一种感情,例如,设计得当的药丸能造成某些细腻的快感,因此这会使人以为跑步之乐在跑步之外。若说这就是愉悦(快感),我便会认为愉悦与跑步只是稍稍相关:这种方法不能说明跑步的精神生命。我曾想用跑步的"心跳"这个想法(即活跃的思想在跑步中的位置)去说明跑步的精神生命的本质。没有任何药丸能把你带到这个位置。跑步的心跳是跑步固有的。我因为沉迷跑步的心跳而跑步,这也许是真的。但这其实就是在用另一种方式说:我为了跑步而跑步。

在这方面(即在愉悦的外围特征方面),跑步、写作都是类似的活动。写作不是游戏:其中没有"先游戏目标",我也没有针对这个目标的先游戏态度。舒茨又指出:并非一切游戏都是游戏。写作可以是游戏,也可以是工作。这完全取决于我为什么写作。我若完全出于不得已而写,例如,我签了合同,我的写作就是工作。但我最好的写作却从不会如此。我找到了飞翔在我头脑中的所有这些想法时,才会写得最好。我并不清楚那些想法是什么、在什么地方,只是觉得我非要找到它们不可。我写作是因为我想知道自己正在想什

101

么，直到看见它们出现在我面前的纸上，我才真正知道我想了什么。我用词语的形式捕捉想法，检查它们，评估它们。这个游戏的全部价值就在它本身中。我全心投入这个游戏时，不想去做世界上其他任何事情。写作就是与思想做游戏，那些闪耀的思想生机勃勃，烁烁闪光。写作若是变成了工作，这些想法就变成了哑巴，无精打采。这和传统意义上的愉悦几乎毫不沾边。变成了工作的写作往往更像一种折磨，更像在金塞尔那座山上跑。

在金塞尔山上跑是一个特殊的游戏——这个游戏与传统意义的愉悦关系甚微，这是显而易见的。这个游戏涉及吃大苦，不涉及快乐；关于跑步的心跳的活跃思想，也不能补偿这种折磨。这是考验耐力的游戏，是了解何种程度的考验能摧毁我的游戏。我总在那座山上跑步，这完全是为了看看我是否还能跑——我今天能否还像昨天那样跑。了解这座山是否能打败我——以这种或那种方式了解——这是这个游戏的关键；这是一个认知的游戏。有时，认知（至少是这样的认知）也是跑步的一部分理由。

我成年时怀着一些工具性目标，开始了我的跑步。无论哪一天，我都能怀着某个工具性目标去跑步。而当我获得了跑步的心跳，即达到了活跃思想所在的位置，这些目标却早被我留在身后了。我再次感谢施利克帮我理解了其中的理由。他写道："正是纯粹的创造之乐，正是全心投入活动，正是对运动的全神贯注，将工作转变成了游戏。众所周知，一种巨大的魔力总是能够实现这个转变——节奏。

准确地说,节奏只有不是外部刻意强加给活动的,不是人为地使它伴随活动的,而是从动作的性质及其自然形式中自动生成的,才能完美地发挥作用。"跑步的节奏一旦发挥了催眠般的作用,即当跑步的心跳"从动作的性质及其自然形式中"自动地生成,我就是在为跑步而跑步了。在那之前,我不是在跑步,不是在真正地跑步,而只是在移动身体。在这个点上,身体移动开始转变为跑步。在这个点上,工作开始变成游戏。我的身体在运动,但我的思想却在我头脑中的老地方做游戏。

若是跑步本身就有价值,那么跑步的心跳似乎就与这种价值有着经验性的关联。体验跑步的心跳,就是体验跑步的固有价值。跑步的心跳是一种自动呈现于这个世界的固有价值:它自动地向我呈现出来,这在生活中很重要。

一些人至少头脑中闪过"跑步就像一种宗教"的想法,或闪过"体验跑步就像体验一种宗教"的想法。但我认为,跑步的心跳恰恰是宗教的反题,或至少只是思考宗教的一种方式。我想到的思考宗教的方式,可以托尔斯泰作为例子。我记得,我多年前读了托尔斯泰的《我的忏悔》(My Confession)①:那是一篇诚实、感人、带着几分情节剧式的叙述,讲述了托尔斯泰如何找到了人生的意义。到达了人生中的某一点时,托尔斯泰便为一些问题所苦恼:"那又怎

---

① 列夫·托尔斯泰的自传体小说,写于1879—1880年,1882年出版,原名"教条主义神学批判导论"。

样?""然后呢?""为什么?""我在萨马拉省有6 000俄亩[①]土地和300匹马,那又怎样? 不仅如此,我还将比高尔基、普希金、莎士比亚和莫里哀更有名,然后呢? 其结果是:我能给我的孩子们提供良好的教育和舒适的生活。为什么?"托尔斯泰回答不了这些问题,深感不安——大大的不安。"我不回答它们,就活不下去。"

他用一个寓言解释了这种觉悟。在东方,一个旅人跳进了一口井里,躲避一头"被激怒的野兽"。但井底却有一条龙。旅人被困在野兽和龙之间,便抓住了一棵伸进井里的有裂口的小树的树枝。他本以为情况不会变得更糟了,但恰恰相反。一白一黑两只老鼠出现了,啃起那根树枝来。树枝随时都会被啃断,使他摔下去死亡。他知道这个结果。但他悬在那儿时,还是看见了树叶上有一滴蜜。旅人伸出舌头去够那滴蜜,舔到了树叶。托尔斯泰想,那旅人也在紧抓着生命的树枝,知道那条要命的龙正等着他。他尽力舔着那滴蜜,蜜以前给过他快感,但此刻却不再使他快乐。白天与黑夜这两只老鼠正一点一点地啃掉他紧紧抓住的生命。托尔斯泰说:这不是寓言,而是"确实的、无可争辩的、可被理解的真理"。

这里所说的"真理"似乎是某种认识,伴随着一系列基于知识的推论。至少,托尔斯泰的一部分认识就是他终将死去——这不是一种抽象的可能性,终将在生命线的某个点上撵到他,而是实实在在的真理;这是出于本能的理解,不是出于理性的理解。其结果是:

[①] 1俄亩=1.09公顷。

那滴蜜不再是甜的了。跟任何事情都无关。困扰他的，并不只是他的死亡。他欣然地继续写道："或早或迟，我的家族会生病、受苦和死亡，除了'臭气和蛆虫'，什么都不会留下来。"还有关于他的著作——他的非生物学遗产的问题。眨眼之间，他就懂得了：那些东西终将都会被忘掉。

中世纪的哲学家们有个用语：在永恒的凝视下（sub specie aeternitatis）①。准确地说，你不需要永恒，任何足够长期的观点都能起到凝视作用。在永恒的凝视下，或是在一段足够长的时期的凝视下，证明那位托尔斯泰存在过的任何痕迹都会被擦掉。他会消失，因此他爱过的每一个人也会消失，他的工作会紧随着他进入漫漫长夜。至于他的艺术遗产，他做得比我们大多数人都好。他去世一百年后，他的作品仍会被广泛阅读，受到高度尊重。但即使如此，再过几百年，有谁会知道它们呢？几千年后，这种可能性还会大大增加。哪怕他作品的寿命与人类一样长，在宇宙万物的大格局里，那也只不过是一眨眼的工夫。"消失"等待着我们每一个人，即使是托尔斯泰也不能例外。古希腊人有个思想，他们称之为"客观不朽"，意思是一个人通过他的作品活下去。但遗憾的是，客观上的延迟将会是更精确的标签。它是推迟不可避免之事的发生。那又怎样？然

---

① sub specie aeternitatis，拉丁语，意为"在永恒的相下"。自荷兰哲学家斯宾诺莎在其著作《伦理学》（*Ethica in Ordine Geometrico Demonstrata*）中提出应"在永恒的相下"看事物之后，此语表示普遍的、永恒的、不依赖其他任何事物的真实。此语亦可通俗地理解为"从永恒的角度看"。

后呢？为什么？

托尔斯泰对此的反应已为人们熟悉：他在信仰中寻求安慰，他相信来生。信仰把我们这些生命不会无限或永恒的人联结起来。"无论信仰的回答是什么，它的每一个回答都把无限感赋予了人的有限存在，这种无限感不会被苦难、穷困和死亡摧毁。因此，我们唯有在信仰中才能找到人生的意义和机会。"

这是从宗教角度看待生活的一种表达。我并不想说它是被宗教批准的唯一生活观，但它的确是一种普遍的生活观。按照这个观点，今生的价值将在来生中找到，前提是我们去了该去的地方。因此今生仅仅具有工具性的价值。今生的价值在于：它使我们为来生做好准备，为我们的来生提供了入口。我认为，我在跑步的心跳中体验到的，是这种态度的反题。我体验到了今生的固有价值。因此这个经验就是：确认我们今生做的一些事情，其本身就有价值。

我认为，从这个意义上说，托尔斯泰是正确的。对人生的任何令人满意的描述，都必须能够补偿人生。托尔斯泰描述的生活十分恐怖。我还认为，他没有描述的生活也很恐怖。跑步会指向今生的固有价值。但生活的意义却不只是要求生活中的固有价值。它会要求这种固有价值足够重要、足够重大，足以平衡我们梦想的重量，甚至也许足以压倒生活的恐怖。有价值的事物，能不能因其自身而有价值，而不是因为其他任何东西而有价值？我能根据生活中的价值推断生活的意义吗？我没有把握。要做到如此，我必须更多地思考生活的恐怖，我必须把生活的意义简化为几条最基本的原则。我必须找出生活的本质。

我们现在跑在回家的路上，尼娜和苔丝仍然紧跟在我脚后，我分别地鼓励了它们。"现在快到家啦。咱们一到家，你们就有很多水喝了。"这总是能给它们几分激励。它们竖起了耳朵，新的热情激励着它们。我们沿着第 77 街两边的王棕树跑。如今那番情景已恍如隔世，而对尼娜和苔丝来说，每天从金塞尔灌木树篱边的小巷（它们那时还年轻）出发，跟我一起冲上那座山，则更像是前世的事情了。我们从运河桥上跑过，进入了社区。我们跑到私家车道尽头时，我在邮箱旁边停了下来。有人在邮箱里留了一张公司卡片，那人显然是清洁屋顶的。卡片背面潦草地写着一些信息，字迹难看极了："屋顶发霉会腐蚀屋瓦，请给我们打电话。"噢，对了，恐惧——它是目的这个暴君最好的朋友。回去工作吧。

5. 伊甸园的蛇

2009 年

  胭脂栎粗糙多节，树枝扭曲，在窄道两旁怒视着下方，小路上满是腐烂的树叶和王棕的落叶。热带无冬：树木春天落叶，但很快就有新叶长出。在迈阿密，5 月初的清晨就已经很热了。热气搜遍了森林，想找出最后一处隐藏夜间潮湿凉气的地方。它在石头底下搜寻，它钻进了响尾蛇所在的石缝。热气潮湿黏滞的手指伸进了我的嘴和鼻孔，滑进了我的肺，悄悄渗入了我的血液，我的血液变稀了，流得很快。

  我脚下的小路是凋萎破败的老珊瑚，珊瑚两边盘着树根，树根是丛林硬化了的动脉，把小路系在了一起，捆着珊瑚，刺入珊瑚。树根的每一个扭曲都像蛇一样。每走新的一步，都是信仰的一次飞跃。热带森林是快速前进的生命。在这里，我们活得快，死得年轻。

这是一种狼吞虎咽般的生活，喉咙里塞满了生命；而腐败散发的湿热恶臭附着一切，就是对时间做出的嘲讽回答，嘲笑着生命急躁的徒劳。森林了解生命，就像兰波（Arthur Rimbaud）[①]了解生命。它们都是绸缎般花海下一块滴血的肉片上爬行的蛆虫。

在塔斯卡卢萨市，跑步的心跳是一种坚实的"咚——咚"声，响在被夏日晒软的柏油路面上。在爱尔兰金塞尔的拉思莫尔半岛上，它是"砰——嘘——嘘、砰——嘘——嘘"的声音，因为我的脚步声很快就消失在了周围的风声里。在迈阿密郊区，它是汽车的呼啸声加上园地洒水车的"噼啪"声和"哗哗"声。但在迈阿密丛林这里，节拍就十分鲜明了：砰——沙沙——噼——啪，砰——沙沙——噼——啪。我的脚每次踩到地面，都会有一只变色龙——当地一种小型的但无处不在的蜥蜴——匆匆忙忙地跑进丛林深处，其小脚踩着草叶，发出"嗒——嗒"声。你很快就知道了草叶上变色龙脚步的频率。当这种频率消失——你听见了持续较长的"沙沙"声，而不是"噼——啪"声——你就要停下来。你要一动不动，因为这是一条蛇。

雨果是一只德国牧羊犬，那天跑步，它还只有18个月多一点。下面有我在我们迈阿密家中花园给它拍的照片。这张照片摄于今年初，当时我们刚跑完晨跑回家。现在，它要我扔掉它的飞盘——这

[①] 法国诗人。

是犬类的简明用语，形容我能给它的对它毫无用处的四英里跑步①。老兄，这就是你最好的主意吗？当然，这张照片是在冬天的迈阿密拍的。当时，它只要成熟得能进行常规跑步就行了，它还没有经历过夏天在迈阿密飞跑的快乐。儿子，等你在夏天的迈阿密跑过之后，再跟我说吧。

在德国牧羊犬里，雨果算个头较大的，双肩宽约 30 英寸，体型较瘦——体重大约 80 磅。它完全长成后，体重会达到 90 磅左右，我想不会超过 90 磅。对它来说，它的脚还有点大，这给它的动作平添了某种笨拙的魅力，尤其是在它从慢跑转为快跑的时候。它的毛色很深——身体是黑色的，只有前胸、下腹、腿和脚是粉红色的。雨果来自德国，我也一样，也是外国来的。

---

① 此句意为雨果没把四英里跑步放在眼里，视它如同追飞盘的游戏。

我们不但是外国来的，而且是轻微的违法者。我们的跑步违反了法律。迈阿密是我听说过的对狗最不友好的地方，更不用说是居住过的地方了。虽说如此，据我所知，各地都对狗越来越不友好（我想这也许是一种更普遍的不友好态度的一部分）。狗的每一次行动都会被一套严峻的法律监控（其目的并非罚款），那些法律规定：在一切公共场所，都必须给狗拴上颈带。这当然不包括在特别指定的狗公园内。我想，迈阿密全市有三个狗公园，都是小型的围起来的场地，到处是狗屎。在那里，你几乎都不能遛猫，更不用说遛狗了。无论如何，雨果需要的是跑，不是走，还要按照它的速度跑，不是按照我的速度跑——不是像囚徒那样跟我拴在一起。若不让它跑，它的灵魂就会死掉。因此，我们就只能在没人能看见我们的地方跑步了。

我变老又变年轻，已经很多次了。当跟我一起跑的狗变老，不能再跟我跑的时候，我就待在家里，跟它们一起变老。今天，我又变得年轻了，虽说我的感觉并非如此。再次变得年轻是件难事——一次比一次难。我一旦再获青春，跑步就会再次成为对身心的治疗。今天，这句话只说对了一半，若是我忍受膝盖发软的时间再长一些，若是我的后背没有失灵，若是我的小腿肌肉没有被我累得筋疲力尽，若是我跑前一两英里时能忍住脚踵的疼痛，疼痛通常都会在此后消失。我只要能把足够的空气吸进正在变老的肺里，让这陈旧、混浊的血液涌进一条条变硬的动脉——我的身体也许就会再跟那些安多酚①小聚一次。但今天，这种情况却不大可能出现在我跟雨果在（迈阿密的）"蛇地"的跑步中。只是直到最近，我才又开始跟雨果一起跑步，这是在停跑了很长很长一段时间之后。

  这次停跑是两件事情造成的。我们刚搬到迈阿密时，我本打算跟尼娜和苔丝一起跑步——只跑一次，因为有一点很清楚：它们也只能跑一次了。此后，它们不再跑了，我也不再跑了。我有一种内疚：我每次想离开屋子去跑步时，都面对不了它们责怪我的样子。你为什么不带上我们？我们干了什么？去年2月，苔丝去世了，它当时10岁。苔丝死时，尼娜12岁，已经很老、很虚弱了。我真没看出它那么老、那么虚弱。苔丝死后，尼娜又活了三个星期，绕着屋子不断地叫，寻找它那位老友，然后就出现了严重的器官失灵。当时，我刚从瑞士讲完课回来——那儿的一个历史悠久的委员会约我去讲课，我不能推托——离家三天。我妻子爱玛告诉我尼娜的脸色不大好，但我认为那是因为苔丝死后不久我就离开了家。我对尼娜的预见显然得到了证实：我半夜到家时，尼娜振作起了精神，我们分吃了一块比萨饼。次日早晨，我们下楼时，尼娜站不起来了。我带它去看兽医，三周前我也带苔丝去过。这两只狗去世的时间离得那么近，这对我们来说太不好了，但对它们来说，这无疑是最好

---

  ① 大脑神经受到刺激分泌的物质，有镇定和减轻疼痛感的作用，能使人心情愉悦。此句所说与安多酚"小聚一次"，是说减轻了身体的痛感。

的结局。事实也证明如此，我为此欣然。

过了一阵，我们就得到了还站不稳的八周大的狗崽雨果——那是给我们的儿子布莱尼（Brenin）① 的第一个生日礼物。这就是雨果的到来。的确，布莱尼从两岁起就认识尼娜和苔丝了——他会说的第一个词就是"狗"——狗不在时，他会想它们。雨果来到我家，还是大约一年前的事——大型狗至少要长到一岁，你才能带它去跑步；它的骨头还在生长，还没准备好跑步。当时，缺少一只需要奔跑的狗，夜夜失眠，外加一个不安宁的、时时需要我劳神的婴儿，这些情况加在一起，使我根本无法说服自己去跑步，至少是去进行有规律的跑步——我若不能有规律地跑，跑步就变成了令人深感不快的苦差：变成了工作，而不是游戏。因此我完全停止了跑步。

所以，长期以来（总共两年），从我们搬到迈阿密算起，从我做了父亲算起，从我成了一个胖胖的动作缓慢的父亲算起，这是我第一次恢复有规律的跑步。通过今天的跑步，我正慢慢地回到以前的路上，回到跑步尚未使我受益时的状态。以前我体型较好时，我完全被跑步的节奏控制，我的思维会非常活跃，其方式与我不跑步时截然不同。但今天不会出现这种情况。今天，我的思维活动得较慢，无精打采，就像地上的蛇发出的轻微窸窣。这些思想来自体力的衰竭，毫无节奏。我的状态若不是这么虚弱，（我的大脑不允许出现的）这些思想也许就不会出现。通过身体的苦修去冥想：这个古老

---

① 与作者的狼狗布勒南（Brenin）同名，此处译为"布莱尼"，以示区别。

的传统仍然活跃在南佛罗里达这一小片土地上,而今天雨果和我就在这里跑步。

我希望雨果喜欢这些跑步。我想它喜欢。它年轻的生命,当然急不可待地想在早晨的路上奔跑。但它也许懂得:我摆弄计算机,记录和检查夜晚使我产生的思想,这个时间越长,不断上升的气温就越会让我们吃苦头。雨果也许想早些出去,想不等群蛇出动,在小路和大珊瑚石上晒太阳,就平安归来,回到游泳池。那些珊瑚石,是森林另一边那片比珊瑚年轻的海撒落在这里的。雨果若是这样想的,我也认同它。

雨果逼着我跑。我们跑进树林时,它必须跑在我后面。林中因为有蛇而充满了生机。我若被蛇咬了,便会感到刺痛,但我最终不会有什么大碍,也许如此。雨果若被蛇咬了,预后就不这么清楚了:腿或嘴部被咬,它大概会活下来;躯干被咬,它活下来的机会就不这么多了。但它年轻,急躁,很想知道日后的生活给它预备了什么。它顶着我的脚跟,又几乎把我绊倒。我大吼了一声"退后!"还用大拇指做出了手势,但心中却对这个往年的遗迹一笑置之。雨果忠实地恢复了原先的奔跑速度,但很快就忘了这个约定。

出于一些明显的理由,我在教雨果怕蛇。这并不难:我就怕蛇。我们这些做父母的人很擅长的一件事,就是把自己的恐惧转移给孩子们。我不像爱玛那么怕蛇。她对蛇的恐惧是多方面的,与环境无关,能把她变成石头。你只要说出"蛇"这个词,她的脸色就会煞白。几年前,我们第一次一起度假,一次正在基维斯特①的滚石餐厅吃饭,一个提着蛇笼的人(街头表演者)出现了。他问我们:"二位愿意跟我的蛇照张相吗?"我使出了吃奶的力气,才说服爱玛没把食物吐在她腿上(我不得不给那个提蛇笼的人一些钱,他才去了几个街区之外的地方)。我对爱玛讲起我童年时养的名叫山姆的蛇,她几乎要和我离婚。在迈阿密这里,我家花园里有一条黑蛇——住在房子东北角的灌木丛里。我们已在这座房子住了两年,可我仍然没把这个情况告诉给爱玛。我若对她说了,我想我们就会坐在返回伦敦的班机里了。

我的恐惧更与环境有关。和雨果一起跑步时,我知道了这自有道理。人们在佛罗里达发现的蛇至少有45种,其中只有6种毒蛇。因此我根据公认的松散逻辑,对自己说:我们跑步时碰见的所有的蛇里,无毒蛇与毒蛇的比例是13∶2。实际情况比这好,南佛罗里达的这片地区只有4种毒蛇。在毒蛇中,剧毒蛇占比更稀少。所以,我被毒蛇咬到的机会就微乎其微。我知道这个。此外,附近的蛇(有毒的和无毒的)大多都能听见我沉重的脚步声,它们一听到便逃进灌木丛。我知道这个。即使我碰巧被毒蛇咬了,毒蛇射出的毒液也可能很少或没有。即使我被注入了一条蛇的全部毒液,我也完全有可能活下来。但是,一听见蛇发出的窸窣声,知道它就在附近的什么地方,却又不能确定它究竟在哪里,我知道的一切便会在眼前

---

① 美国佛罗里达州南端小岛。

蒸发，化作一缕青烟。

我在威尔士长大时，除了布茨①，我还另有一个伙伴：一条束带蛇②，来自美国，因此我叫它"山姆"。布茨并不非常迷恋山姆，但我很喜欢山姆，所以我常会让它在屋里跑跑。有时山姆会一连消失好几天。它再次露面时，几乎总会让我母亲付出代价——她正做着什么事情，例如为了找到某个罐头或什么东西而搜遍碗橱，山姆会突然"蹦"出来（这是我母亲的说法）。其实我母亲也很喜欢山姆。但你搜查碗橱时，若有一条蛇朝你伸出它的小脑袋，你的心率就会从每分钟70次一下子跃升到700万次，你对此毫无办法。无论你怎样认为山姆不会出现在那儿——无论你怎样合理地解释这种情况——它真的出现时，某种基本的生物学的东西就主宰了一切，它其实根本不管你的解释合理与否。这就是我对蛇的感觉。当蜥蜴在叶子上踏出的快速、轻微的"噼啪"声，换成了蛇发出的缓缓窸窣，我的阴囊就禁不住想快快缩进身体里，仿佛在说：我这层外皮可以不要，但一定要保住基因线③。保住我这个肉体里的不朽之物。于是我感到的，就只剩恐惧了，本能的、非理性的、压倒一切的恐惧。恐惧是我留给雨果的最好的东西。

我们经历了大约一英里大致算是低等的焦虑之后（这种焦虑有

---

① 作者养的拉布拉多犬。
② 产于北美和中美的无毒蛇。
③ 指原核生物和病毒的遗传物质，即脱氧核糖核酸或核糖核酸，此处泛指生命遗传物质。

时会逐步升级为大恐慌），就跑出了森林，进入草地。这里有一个小湖。我查看了一下，没见到短吻鳄和噬鱼蛇①，就让雨果在那儿凉快一下。这两种爬行动物在南佛罗里达随处可见，你始终都必须对它们睁开警惕的双眼。但在这个小湖，我却从未见过它们。我想，过度炎热这个切实的危险，已压倒了遭遇过路爬虫行动物袭击的潜在危险。因此，雨果就在湖水中吃力地跋涉——我不让它在这里游泳。我细查地表：试试大脚趾踩上去的硬度，准备行动。几分钟后，我们又开始跑。雨果重振了精神，在我前面跳跃，因为它知道我现在允许它跑在我前面。这里有一条老路，而我（往往）能从这条路朝远处望，以发现任何一条在晒太阳的蛇的身影。

在这个地方，我们几乎每天都能见到蛇，但其中大多都无害。到处都有黑蛇。有时，我们能瞥见路边枯草里一条巨大的橙色鼠蛇。有时，我们还会发现一条鞭蛇，细长得让人难以置信，正趴在破裂的、褪了色的柏油路上晒太阳。那条蛇具有惊人冷静的性格——我第一次发现这个地方时（当时，尼娜和苔丝的身心已经衰退），并未提起应有的警觉，尼娜正好踩在了那条蛇身上。但那条蛇真的动起来，却像一个飞跑的男孩子！我即使想抓住它，也不知能否做到。

谢天谢地，我们几乎不曾与毒蛇遭遇。这里有我已提到的噬鱼蛇，有时它们被称为棉口蛇——受到惊吓时，它们会大大地张开双腭，嘴里呈现出纯白的棉花色。噬鱼蛇是一种颊窝毒蛇——之所以

---

① 一种毒蛇。

这么叫，是因为其双眼和鼻子之间的那个"坑"（或叫"颊窝"），其中长着此类毒蛇用来辨认和锁定猎物的温度感受器。在世界的这片地方，你会发现绝不缺少这样的人：他们随时准备为你提供听故事的享受，故事讲的是噬鱼蛇是多么咄咄逼人，多么几近于恶魔。我认为这大半跟一个事实有关：噬鱼蛇的模样极为邪恶。它们身上没有美丽的斑纹，不像当地其他一些毒蛇。它们的身体又黑又肥，健康的蛇几乎可说是身体肿胀。蛇头的黑色常常浅一些——像褐色的骷髅。我尚未在南佛罗里达见过噬鱼蛇，但我住在阿拉巴马时却见过很多。那里的噬鱼蛇，在其繁殖季节（4月和5月，即它们从冬眠中醒来后不久）会造成一些小麻烦（而在南佛罗里达，它们不冬眠）。但总的来说，至少根据我的经验，噬鱼蛇算是比较平和的。据说它们能从水边爬行到好几英里之外，但其实它们极少如此。但是即使我们离开那个湖，雨果在其他地方游水时，我还是必须时刻警惕另一些更值得担心的蛇。

在这个地方，人人都怕珊瑚眼镜蛇，这大多是因为它们属于珊瑚蛇科。它们有明亮的红、黑、黄色环状花纹，很容易被误认为王蛇。你必须仔细观察其环状花纹的次序：红色挨着黑色的，性情比较温和；红色挨着黄色的，会致人死亡。当然，由于我的视力大幅度下降，我怀疑如果我要为确认这个信息而做观察，就不得不在离它们近得令人不安的距离上进行，并且权衡了一切之后，我认为直接朝另一个方向跑更好。珊瑚眼镜蛇的蛇毒是神经毒素，它攻击神经系统，死亡是窒息造成的；而佛罗里达的其他毒蛇的蛇毒，则都是出血性毒素，它攻击血红细胞。我听说神经毒素更致命，但并不伴随那种"但求速死"的疼痛，而出血性毒素的攻击则会使人疼得"但求速死"。佛罗里达人告诉我：你若被珊瑚眼镜蛇咬了，不到30分钟你就会死掉。这其实是个夸张的说法。首先，你并不一定会死掉。这完全取决于你被咬了什么地方，取决于它们给你注入了多少毒液，取决于你被咬后离你最近的抗毒小组用多长时间到达。其次，出于某些说不太清的原因，有时要在被咬后几个小时，才会出现珊瑚眼镜蛇毒液中毒的症状。第一个症状是喉咙疼，接着是抬不起眼皮，不是因为你无法保持清醒，而完全是因为你的眼皮已不听使唤。一旦出现这种情况，你就必须尽快得到帮助——只要你得到了帮助，你就大有可能活下来。

我对侏儒响尾蛇的担忧，其实远远超过了对珊瑚眼镜蛇和噬鱼蛇的担忧。佛罗里达这么靠南的地方，根本没有木纹响尾蛇，但有它体型较小的表亲（它们很少会长到两英尺左右）——"侏儒响尾蛇"，或称"黑侏儒"。这是一种极具攻击性的小家伙，是蛇界的拿破仑。它们听见你走过来，可不会躲到一边：它们对你发出警告，以表明它们的存在，但毫不奏效——这种状况很不吉利。它们发出的"咔哒"声很轻，往往轻得更像蟋蟀发出的声音，而不像响尾蛇。它们一口毒液的威力，跟它们的小小身躯极不相称。它们的一咬不大可能致命，至少不会使人死掉，但仍会使人极度疼痛。

但今天的跑步会很特别。我们将会看到某种完全可能再也见不到的东西。我们面前的路上，一条东方菱形斑纹响尾蛇正在早晨的热气里无忧无虑地晒太阳。它也许是北美最令人印象深刻的蛇了。菱形斑纹响尾蛇的确是美丽的动物，其名称来自其遍布全身的楔形斑纹，构成菱形的格子，边缘呈深褐色，内部为浅褐色——褐色与浅褐色，这是20世纪70年代的颜色，是我童年的颜色，也是我家的颜色。雨果和我站定观看，只看了一会儿，然后接着跑步。

这是一个关于蛇、关于父亲、关于一个我永远都回不去的家的故事。魔鬼撒旦化身为蛇，出现在夏娃面前，这自有原因。撒旦没有化身为兔子、小鸟、松鼠或虫子，这也自有原因。

太初，混沌空虚，一片黑暗。后来上帝言道："要有光！"就有了光。上帝看光是好的。[①] 你也许会想，这纯属骗局。上帝是怎么弄出光的呢？光当然是一种能量，而我们的智慧后来使我们发现：在创造能量的过程中，上帝运用了两个原理：热力学第一原理和第二原理。根据热力学第一原理，能量既不能被创造，也不能被毁灭，而只能从一种形式转化为另一种形式。根据热力学第二原理，任何封闭的系统都往往会朝着最大的无序发展。

我们若是封闭系统，便往往会发展成最大的无序。这意味着我们很快就不复存在。复杂的结构（例如你和我）是有序的：我们的复杂性就是衡量我们秩序的尺度。一个系统越是无序，其复杂性就

---

① 这几句套用了《旧约·创世记》第1章第1~4节的经文。

越低。最大程度无序的系统，则会分解为构成它的粒子。这是一切封闭系统注定的命运。"熵"是科学家对无序的称谓。热力学第二原理告诉我们：欲防止熵造成的破坏，我们便需要能量。但热力学第一原理却告诉我们：我们不能简单地、无中生有地创造出能量，而必须从另外的地方获得能量——更准确地说，必须从另外的事物获取能量。因此像许多生命体一样，我也是能量的转换器：我取得了另外某个事物的能量，使它成了我的能量。

想想上帝的做法吧，他说"要有光！"并运用热力学原理实施了这道指令。在那个瞬间，上帝要继续创造的世界注定成了能量的零和赛场。热力学第一原理使它成了零和赛场：能量既不能被创造，也不能被毁灭（假定这个原理只运用于创世这个初始行动之后），因此只存在一定数量的能量，没有更多。任何需要避免热力学第二原理的破坏的事物，都必须从其他有能量的事物中获取能量——欲达此目的，它们必须分解那些事物，以窃用后者包含的能量。复杂性就是秩序，秩序是对热力学第二原理的挑战。我们都是轻微的违法者。我们活着就是为了挑战热力学第二原理。我们靠借来的时间和窃来的能量活着。自从上帝说了"要有光！"宇宙就成了一个残忍的、毫无宽恕的所在。

热力学原理造就了一切生命体，而生命体都有一个清晰的结果：大多数生命体的基本设计结构都是管道。其原因不难分辨。管道是最佳的能量转化装置。植物是静止的管道，动物是移动的管道。对

121

那些变成了动物的管道来说，能量（其形式为有结构的生命物质）进入其一端。一旦这种物质被分解，能量便会释放出来，并在管道另一端排泄出废物。从设计的角度看，管道是满足这个要求的最简单的方式。来自另一个宇宙（我们可以假定那两条热力学原理不适用于那个宇宙）的动物学家很可能认为：有理由把地球上大多数动物群归类为虫类的亚种。我们是超级的构造，建立在我们的食道上，围绕着我们的食道——建立在我们曾一度是的虫子上，围绕着我们曾一度是的虫子。

撒旦被贬地球以前，他是晨星，是最美的天使。是光明使者，但被贬地球，就变成了受热力学第一和第二原理——地球的基本原理——支配的对象。这颗晨星，这位光明使者，从生产者转变成了能量交换器。这就必须有伊甸园里的一条蛇，因为晨星必须变为一个管道。撒旦化身为蛇，出现在夏娃面前时，他既是媒体，又是讯息。他的外形，会使我们立即想到某种我们曾试图忘掉的东西。我们虫子的身体构造外面，裹着精细的身体外衣。我们几乎会忘掉这一点，但证据却一直在渗漏出来。

有生命的虫子变得越来越复杂：建立在这虫子之上、围绕这虫子的身体构造越来越令人难忘。这也是热力学原理造成的。一只虫子想吃掉另一只虫子，以窃用后者的能量。另一只虫子逐渐生成了保护壳（甲壳）以防自己被吃。第一只虫子逐渐生成了一些器械（牙齿、爪子），以打破甲壳。另一只虫子逐渐生成了更坚实的甲壳或移动身体的工具，以逃避那些齿爪。生命就这样展开了。

但后来，某种奇怪的、出乎意料的事情发生了。一些虫子，或者说这种军备竞赛造就的一些虫子，达到了复杂性的某种极限，产生了意识。任何人都无法确定这种情况是怎样出现、何时出现的。但它确实出现了。这是福，还是祸？

热力学的两条原理，使死亡和毁灭成了生命过程的组成部分，成了这个过程的基本要素。一个生物体，只有当另一个生物体死亡才能存活。一个根据这些原理构成的宇宙，将是毁灭的组合体。不过意识（其形式为有意识的动物）逐渐形成之前，这个宇宙里并无痛苦可言：不存在任何能感受痛苦的东西。没有意识的生物（例如植物或非常简单的动物）会受损和死亡。但它不能感受痛苦，因为痛苦是这种受损和濒死的意识。给这个世界带来痛苦和欢乐的，正是意识。若是意识带来的欢乐压倒了痛苦，我想谁都不会否认这是福。但我们很难弄清意识是怎样在这个既定的宇宙（意识就在其中逐渐形成）里做到的。

19世纪哲学家阿尔都尔·叔本华（Arthur Schopenhauer）——他虽然出生于位于如今波兰的格但斯克①，却通常被看作德国人——对这个问题的认识比其他任何人都清楚。尽管他对热力学原理一无所知，尽管他根本不曾思考过能量的零和博弈，他的宇宙观还是十分近似我刚刚简述的宇宙观。叔本华认为，假定存在意识在

---

① 旧称但泽，波兰港口城市。

其中形成的那种宇宙，那么意识造成的痛苦就会不可避免地多于欢乐："这个世界上，痛苦多于欢乐，或至少痛苦与欢乐是等量的，欲快速地检验这个论断，就要用一只动物全力吃掉另一只动物时的感觉，去比较那只被吃动物的感觉。"意识本身并不是坏东西，但它却形成于一个坏宇宙：这个宇宙是根据热力学原理设计的。

当虫类后代达到了一定程度的复杂性，并因此有了意识，每一只虫子后代便都能有意识地区分出自己在争夺能量的战斗中所处的地位。一般地说，表示这场战斗顺利的标志，被称为"欢乐"或"快乐"；表示这场战斗不顺利的标志，则被称为"苦难"或"痛苦"。这场战斗若很顺利，只要其他一切都未改变它，它便会继续下去。但这场战斗若不顺利，就必须认识到这个情况，因为这场战斗很快就没有机会继续下去了，无论顺利与否。因此虫子后代的意识，必须敏锐地获知那场争夺能量的战斗并不顺利，这种敏锐必须大大超过获知战斗顺利的敏锐。因此任何有意识动物的生命当中，除非格外幸运，痛苦更有可能超过欢乐：它在其生命过程中体验到的痛苦，会使它体验到的欢乐黯然失色。

正因如此，事情进展顺利时，我们才从未真正地注意到。我那个叫苦不迭的跟腱——我跑此前两英里时，它还在沉睡。现在它醒了，纠缠着我，以毫不含糊的疼痛让我知道它在叫苦。我完全忘了其他一切进展得多顺利。当然，顺利完全是相对而言的，但我的心仍在平缓地跳动，我的肺仍在做着还算说得过去的工作，即吸气和呼气。何况，除了那个跟腱，我小腿的其他部分也仍然都在做着它们该做的工作，毫无抱怨。所以总的来说，我的身体工作得很好。但我注意到这个了吗？事情进展得顺利，我心生感激了吗？当然没有，正如叔本华认识到的那样：

> 水流只要未遇障碍，便会平稳流动，人和动物的天性也是如此，所以我们从未真正注意到，或真正意识到符合我们意志的事情。我们若注意到某件事情，就一定会挫败我们的意志，或者会感到某种震撼。另一方面，一切反对、挫败、抵抗我们意志的事情，换言之，一切使我们不快、痛苦的事情，都会迅速、直接、极为清晰地引起我们的注意。

我们的意识，或者说我们的注意力，会不可避免地关注我们生活里那些出了错的事情，这种关注大大超过了对那些正常运作的事情的关注。我的心脏在我跑步时有效地跳动，这是无须关注的事情。只要事情没有变化，它就会继续有效地跳动，因此我无须对它做什么。但我那个叫苦不迭的跟腱却的确需要关注，哪怕这种"关注"仅仅是我去注意它，再决定该怎么办：是继续跑，把它拉长，还是停止跑步。我若不关注它，它就会断裂，而那将意味着我跑步生涯的落幕。坏事需要关注，而好事却无须关注。正因如此，意识才往往会关注坏事。

叔本华认为，对人类来说，这种情势被我们相对复杂的认知能力，尤其是记住以往事件、预期未来事件的能力进一步恶化了：

125

> 这种激情的主要来源，是关于不在眼前的和未来的事物的思想。这种思想对人的一切行为产生了强有力的影响。正是这个思想，才是人的忧虑、希望、恐惧的真正来源。这些情感影响着人们，其深刻程度超过了眼前的欢乐与痛苦的影响程度。人具备反思、记忆和预见的能力，因此其实也就具备了一种浓缩、储存其哀乐的机制。

叔本华的这个观点基于意识的一些更基本的形式。假定我们同意这个观点，即意识最关注的往往是出错的事情，不是顺利进行的事情，那么记忆和预期便只是比较复杂的意识形式而已。因此记忆和预期主要关注坏事而不是好事，便很重要。我们的记忆和预期乐于关注的，往往是包含恶意之事，而不是包含善意之事，如此我们才能防止再次出现坏事（记忆），或完全防止出现坏事（预期）。当意识变得日益复杂，痛苦与欢乐的不平衡就随之变得日益显著。对一切生物来说，生活都是坏事，但若其他一切情况不变，人类为获取他们永远得不到的东西而误入了歧途，这对人类来说却是最坏的事情。

叔本华告诉我们，使他与《旧约》和解的，是其中关于"人类的堕落"①的故事，因为它是《旧约》包含的"唯一形而上的真理"②。他不相信这个故事的字面真理。我也不信。也许，叔本华比

---

① 指《旧约·创世记》中亚当和夏娃受了蛇的诱惑，吃了知善恶树的禁果，有了羞耻感，受到上帝惩罚的故事。
② 通俗地说，此指不以人的意志为转移的抽象规律，即中国古代哲学所说的"道"。它不同于作为知识的、逻辑严密的真理（哲学思考的对象），而是如德国哲学家海德格尔（Martin Heidegger）所说，以超越于存在本体之外的追问获得的关于存在本体的性状的真理。

任何人都敏锐地理解了一点：最重要的真理，总是以包裹着隐喻的形式出现，而这个故事最重要的部分并不是看似它讲述的，而是你不情愿从其字里行间爬出来之后发现的东西。在这些故事里，在这些关于创世和人类堕落的故事里，我们必须把字面上的真伪与叔本华所说的"形而上的真理"区分开来："因为它们使我们获得了一种洞察力，而正如自由思想先驱们的后代那样，我们进入这个世界时为罪恶所困，而完全由于我们必须弥补这个罪恶，我们的存在才如此悲惨，其终点就是死亡……这是因为，我们的存在最像一种被禁止的欲望造成的罪行和招致的惩罚。"

上帝若无比仁慈、全知全能，他就能做他愿做的一切事情，且不会犯错。既然如此，他为什么创造出了一个符合热力学原理的宇宙？这些原理确定：这个被创造的宇宙必将成为一幅毁灭与死亡的零和全景图。这些原理确定：这个宇宙中若真的出现了意识，"苦难"便总是会压倒"快乐"。这些原理确定：若说生活对一切生物都是坏事，那它对一切（自称的）"最高级物种"就是最坏的事。这一切若都是上帝所为，他为什么如此对待他的这个创造呢？最明显的解释就是上帝因为我们所犯下的罪而在惩罚我们——似乎很难想象出其他的解释。若存在一位上帝，他创造了我们，我们便几乎可以断定：上帝撤去了通向天堂的梯子，关闭了天堂的大门。看来，上帝根本就不大喜欢他的子民。

这实在是悲惨无比。叔本华以悲观主义哲学家著称，这很有道理。但我发现：叔本华最有趣、最具建设性的思想，并不是他对人类困境的描述。我认为，他对人类困境的描述大多是正确的。这至少是出乎意料的。人们想到叔本华时，绝不会想到这个答案。但我认识到：这是叔本华说过的最重要的话。

想象你搭乘公共汽车赶路，觉得极为不快。道路比土路强不了多少，路面坑坑洼洼，你不断地被从座位上颠起来。这个座位只是一块厚木板，一路上你后背的擦伤越来越多。车上没有空调，你热极了，很不舒服，汗流浃背，身上散发出了汗味。但比起你周围的人来，这不算什么：那群人散发着臭气、打嗝、放屁，极其令人厌恶。其中很多人乘车时都随身带着家畜和另一些动物。孩子们在尖叫，还有人当着你的面给婴儿换尿布。车上的厕所堵了，粪尿满溢，人和动物在过道里拉尿。显然，车上任何人（包括你）都不知道要去什么地方，也几乎不知道自己来自何地。尽管如此，你周围所有的人还是编着荒唐的故事，那些故事毫无逻辑，毫无根据，甚至毫无差强人意的叙述主题，讲的是他们要在哪里下车、下车后前景如何。

后来，你瞥见有个人正盯着你，你也看着他。你在他的眼睛里看到了同样的极度痛苦，看到了对无望和无益的同样理解，看到了同样的厌恶之情，看到了同样的恐惧。那一刻，你理解到：你们俩都在这辆车上。这个理解很快就扩大成你对所有同行乘客的理解。他们也许不像那个盯着你的人那么清醒和警觉，但那只是程度问题。

你理解到：在某种程度上，车上的每个人或多或少都晓得各自的悲惨境遇。他们彼此讲述的愚蠢故事，无不出于困惑和恐惧。这个认识如同两眼间的一道闪电，使你豁然开朗。于是，你知道了你能原谅你的同行者们那些被你看作缺点的东西。他们也像你一样，被吓坏了，不知所措，被震惊，遭人厌恶。对这些同行乘客，唯一合理的态度就是宽容、忍耐和关怀。这是他们需要的，也是他们应得的。

这其实就是叔本华思考了世界的本质后得到的结论：

> 其实，"世界与人还不如都没存在过"这个信念使我们彼此满怀宽容。不仅如此，从这个角度看，我们还完全可以认为：恰当的称呼并不是 Monsireur、Sir、Mein Herr，而是 My follow-sufferer、Soci malorum、Compagnon de misère①。这听上去也许很怪，但符合事实。它使我们正确地看待他人。它让我们想到了生活中终归最需要的东西——宽容、忍耐、尊重和关爱他人，人人都需要这些，因此人人皆有伙伴。

不过，关键问题是，叔本华似乎根本不曾考虑过：一个为了能量而做零和竞争的世界里，怎么会有宽容、忍耐、同情和关爱这些东西？

我已带着雨果跑步回来，而我那些形而上的思索，却被一些更

---

① Monsireur、Sir、Mein Herr 分别为法语、英语和德语，意为"先生"。My follow-sufferer、Soci malorum、Compagnon de misère 分别为英语、拉丁语和法语，意为"难友""患难之交"。这段话见于叔本华著作《附录与补遗》（*Parerga und Paralipomena*）中"论世界之痛苦"一节。

现世、更直接的关注打断了。现实中的我,一个刚做了父亲的人,即将进入五旬的人生:很累,浑身是汗,刚刚跑步归来,还必须履行一些责任。儿子布莱尼快两岁了,小儿子麦克森两个星期大。他俩的尿布都该换了。我获得了能量,又消耗了能量。至少,在以前两年和以后两年当中,我的现世存在都是这两条热力学原理的决定性证明,这两条原理就是生活原理的基本设计。

从某种意义上说,我这两个儿子很难用语言形容,甚至难以捉摸,因为我尚未跟他们拉开一定距离。我对他们的爱,是在他们只有几个星期大的时候开始的。我要说,那是一见钟情,我爱我的儿子们,从看见他们的第一眼起,我就想紧紧地抱着他们,再不放手,但这并不完全是事实。我第一个儿子出生后,我在大约几个星期里一直感到震惊。必须时时抱着他,或紧或松,这个前景激起的是我的恐惧与战栗,而不是爱。但后来他对我做了一件事,一件不厚道的事,我不禁开始思考,开始了无情的盘算。其实,我这两个儿子的确在同样的时间做出了同样的事情,都在他们只有几个星期大的时候,他们对我笑了。他们对我笑了,从此我就成了他们的母狗(bitch)①。

但是,这个词只是我无法写出和捉摸我的想法时使用的表达。这就是我的说话方式,这只是又一个粗鲁的、过于汉子气的隐喻。我太爱他们了,以至我情愿替他们挡子弹。可是在叔本华简述的那种宇宙观里,爱又适合被置于何处?在为能量而进行的零和竞争中,

---

① 该词在此含有"贱奴"之意。

爱的位置何在？

爱是一个古怪有趣的小小难题。首先，爱显然能与热力学的两条原理相容。爱毕竟出现在了一个根据这两条原理建立的宇宙里。因此说爱能与热力学的两条原理相容，就是说这两条原理并不排斥爱。但有时在体育运动中，若有人做出了虽然（根据竞赛规则）合法但有问题的事情，人们就会说他的做法不符合竞赛精神。爱也许忠实于法律的文字，但法律中还有一些东西似乎使残酷无情压倒了生活这场伟大竞赛的精神。热力学两条原理的最明显结论是：生活将是一场为了能量的零和竞争。但不知为什么，爱也慢慢地滋长了出来，这实在令人惊诧，简直让人无法置信。爱与为了能量的零和竞争的精神如此截然对立，怎么会在这种竞争中渐渐生成呢？

虫子的一些后代为了保护自己、保护能量（能量是生活这场伟大竞赛中的通货），逐渐生成了坚硬的甲壳。那些想盗取它们能量的后代，则逐渐生成了锋利的牙齿。另一些逐渐形成了一些运动方式，以逃避想盗取其能量的后代。还有一些则愿用自己的能量生成腿以便追逐，生成爪子以便捕捉。于是在某个点上，一些后代便组成了群体，或是为了更有效地保护自己，抵御那些想夺走其能量的后代，或是为了更有效地猎取另一些后代，因为它们想夺取后者的能量。事实证明，这是一条有效而可靠的进化策略。

这些群体最初规模较小，只包括父母和子女，仅此而已。一些虫子后代的群体则规模比较大。但无论那些群体规模大小，我们都必须首先记住它们为何形成。个体动物若是群体的一员，便更有可能生存下来，把基因传给下一代。群体使构成群体的个体受益——使个体及其基因受益。这就是群体正当性的独有的进化论理由。

这造成了一个问题。假定你有一个由个体组成的群体，说到底，这个群体的所有成员都是为了使自己受益。从表面看，这个群体往往像一个靠不住的企业，其内部充满不和、争吵和利益冲突，伤痕累累。你如何维持这个群体呢？一些动物甚至组成了大得惊人的社会群体，并由精微的化学信号连在一起，蚂蚁、蜜蜂都是佳例。但虫子的一些后代却变成了截然不同的动物：它们有了知觉力，有了感情。这些动物是形成另一条截然不同的进化策略的基础。这些动物通过随机的突变和自然选择，渐渐变得彼此友爱了。

事情还不仅如此。即使一些虫子后代彼此友爱并照此行事，进化还是必须对付另一些后代，它们（无论出于什么原因）并不总以应有的方式去感觉，因此并不总是遵守规矩。制裁——日益严厉的处罚，包括逐出群体及处死——在把群体结为一体方面起着重要作用。但我们若观察出现得更晚近的虫子后代群体，即哺乳动物群体——丛林狼、野狼、猴子、猿类，甚至人类——那么，说这些群体仅仅是被制裁的威胁连在一起的，便大错特错了。仅仅被制裁的威胁连为一体的人类社会，将是一个由反社会者组成的社会。某些罪犯的帮会也许大致符合这个条件，但我认为其中大多数都不符合。但有一点却很清楚：这为一般的人类社会提供了一个极为错误的样板。我们大多数人都不是反社会者，因此我们彼此友爱就是自然的行为，即符合生物本性的行为：怀着爱心，彼此友爱，欣然享受他人的存在，因有他人相伴而喜，因无他人相伴而悲。这一切都是自然的：没有这些感情，便表明某种生物学层次上的东西出了错。这些感情，或像达尔文所说，这些社会本能，都是将社会性的哺乳动物连在一起的黏合剂。因此这些友爱之情就使动物获得了更好的装备，用于那场为能量而进行的零和竞争。

这些感情——友爱、同情、爱情——虽然可能符合热力学规则的字面意义，但其中一些东西仍然对立于这些规则的精神。从进化的角度说，我对我儿子的爱最好的解释便是：我爱我儿子，是因为他们携带了我的基因。我因此而做出的行为，被生物学家称为"亲缘利他主义"。进化使我有了这些感情，因为它们有可能使我的基因得以延续。正是我的基因的繁殖提供了选择的压力，而选择的压力解释了这种爱的来源，也表明了是什么使这种爱一直存在。这个说法虽然正确，却使很多人做出了不合理的推论。要理解爱如何超越那些造就了爱的规则，关键在于理解这个说法。

一些人认为，这意味着我其实并不爱我儿子，而只爱他们的基因。这个看法反映了两方面的混淆：其一是一种逻辑谬误，即所谓"起源谬误"[①]。"我其实只爱我的基因"这个看法，混淆了我爱的来

[①] 一种逻辑谬误，因一种观点的起源不正当就判定该观点是错误的，例如认为某种药物是从有毒植物中提炼出来的，所以就判定它对人体有害。

源（即我的爱从何而来）与内容，换言之，混淆了我爱的来源与我爱的对象。来源与内容之别，就是情感或感情的原因与对象之别。这种区别十分普遍，不但适用于分析爱，而且适用于分析一切情感。因此（举例说）我的疲劳可能是我生气的来源，我若不这么疲劳，别人的行为就不会使我生他们的气。尽管如此，我生他们的气仍然是真的，在这种情况下，我并不是对我的疲劳生气（尽管在另一些情况下，我也可能对我的疲劳生气）。解释爱的来源，就是解释是什么造成了爱——爱是怎样出现的（以及为什么如今爱还存在）。陈述爱的内容就是指出爱的对象——所爱的是什么。我因为我儿子携带了我的基因而爱他们，这也许是真的。这句话描述了我的爱的来源。这个来源在于一个生物学策略，基于一个前提：统计表明，与不爱儿子的父亲相比，我这种爱儿子的父亲往往有更多的儿子长大成人。因此若一切条件保持不变，进化便会偏爱我这种父亲的基因。不过，这个假定仍旧意味着：我爱的其实是我的基因，不是我儿子，而这将混淆我的爱的来源与内容。我的基因可能是我的爱的来源，但我爱的对象仍旧是我的儿子。所以，"我爱的是我儿子，不是我的基因"的说法也是正确的。

除了混淆了爱的来源与内容，"我其实只爱我的基因，不爱我儿子"的看法还来自另一种混淆：我们都是受无意识（心理）过程驱策的奴隶，或者都受制于基因。这个思想其实是假定了我的基因比我聪明。但我的基因根本不知道我知道多少。身体是外壳，而基因线却是不朽的。这是一个伟大的神话，涉及"我儿子携带了我的基因"的观念。我体内存在不朽的基因链，遗传给我儿子，再遗传给他们的孩子，再遗传给他们的孩子的孩子，而这个想法完全错了。我首先要指出其中的明显错误：正如我有时所说，说我儿子携带了我的一半基因，这是错误的。我基因的94%～98%，都与任何一只黑猩猩的基因相同，且有初步迹象表明，我90%以上的基因都与任何一只狗的基因相同。我90%以上的基因跟雨果这只狗的基因一样，而只有一半的基因跟我儿子的一样，这实在太奇妙了。我和我儿子的共同之处，其实不是构成了我的那一半基因，而是大约另一半人们彼此不同的基因——它们只是我全部遗传密码中很少很少的一部分。说到人们彼此相同的那部分基因——在把我造就成生物学意义上的人方面，它们发挥了作用，仅此而已。它们并没以任何方式把我造就成个体的人，因此出于简单的原因，我便有了这些与其他任何人一样的基因。我没有理由去爱这些基因。它们当然不是那种我情愿为之挡子弹的东西。

因此若有些基因成了我爱的对象，那些基因将仅限于我全部遗传密码中很少很少的一部分，即我与别人不同的那部分基因，也是在使我成为个体的人方面起了作用的那部分基因。那些基因怎么了？看来，我儿子似乎并未携带我独有的全部基因，即我体内特有的基因。这些特有基因的一半左右想必来自我妻子爱玛。因此，我已经很少的不朽贡献立刻就减少了一半。我的儿子们若有了孩子——从生物学上说，这是我的基因将遇到的最佳境况——我的贡献便会减少大约75%。不久——以宇宙的尺度说，即眨眼之间——我在基因上的贡献就会渐近于零。我为什么要喜欢这种不断减少、很快就会为零的基因贡献？我准是大大地犯了傻，真的。人们有时假定：根据合理的推论，只要一种迹象或趋势属于基因，它就会免于后来的干预或改善。这个假定完全错了。

*

我中年刚过时，在印度待过一段时间。那段时间不长，只有几个月。当时我从教的大学正放暑假。一场相当顽固的细菌性痢疾妨碍了我的活动。在登上公共汽车或火车的前三天到当天，我必须滴水不进，因此我也只能饿得要死。痢疾不像通常的腹泻那样仅仅发作几次：你根本控制不了自己的肠子——你只有短短几秒的缓解时间。只有到了我肚子里绝对一无所有时，我才敢离开厕所大约十英尺以上。我对印度的记忆大多是旅馆的天花板：躺在床上，眼望天花板，等着，等着那只虫子①自行耗光其能量。

一天，我在这种营养不良的汽车旅行中去某个地方，我认为自己还在查谟或克什米尔，或者也许还在喜马偕尔邦②，但我现在根本想不起当时我要去哪儿，也想不起我从哪儿来。我当时见到了一

---

① 这是作者的自喻，参见本章倒数第三段："我们都是虫子——你我都是。"
② 印度西北部的邦。

件事，我认为它并不重要，但盘绕在我体内的记忆却正等着它的好时候——我做了父亲的时候。我们在群山中的一个小村停了车。车上的人（我一个都不认识）从路边小贩那里买午餐，那午餐是我的胃肠绝不会接受的东西。因此，我只好去村边溜达。那儿有一群猴子，也许有40只，坐在路边，那是小村与森林交界的地方。猴子个头不大，毛是灰色的，脸是粉红色的，是印度狭鼻猴，即我们所说的恒河猴。一小群猴子（有四五只）中间，一只猴子抱着一只小狗。那只狭鼻猴用双臂抱着小狗，用力搂着。有时，这群猴子中的另一只也弯下身子轻拍小狗，张开手掌，在小狗的肋上"啪——啪——啪"地拍，就像人轻拍狗那样。那只狭鼻猴用双臂抱着小狗，小狗不时地舔着那只猴子粉红色的脸。

我第一个儿子对我笑时，我感到的爱完全来自某种认知。并不是我在他的笑里认出了我的基因——不知为什么，那些基因隐藏在他皱起的眉头里，隐藏在他生气时扭曲的脸上，隐藏在他茫然的凝视里。毋宁说，我从他的笑里认出了彻底的无助，也认出了初期的信任——初生的、不完全的、尚不确定的信任。生活在一瞬间就能打垮他，但也能在一瞬间打垮我。我们之间的区别是程度的不同，并非种类的不同。的确，生活最终会打垮我们两个。生活有一个有希望的、但绝对是误导的开始，然后把我们嚼碎，再吐出去。我们被扔到了一个坏地方，被遗弃在了一块以一些邪恶原理建立的陌生土地上。在我儿子的笑里，我看到了两代人都遭遇到的遗弃。这种爱基于相互认知。说到底，在永恒的凝视之下，我只不过是一只发现了一只小狗的猴子，我会爱它，只要我还做得到，我就紧抱着它。但这种信任，这种初生的信任才是一切当中最让我心烦的。儿子，你们不该信任我。我了解这个世界。我会尽力做好。但说到底，在履行我最重要的保护之责方面，我总是会辜负你们。我就是不够好。我救不了你们。谁都不能。

儿子，现在你们已经换了尿布，所以你们睡觉前，我想给你们讲个故事。你们出生以前，在一个你们从没去过的地方，有一次我的思想跟它们自己玩了个游戏。我称它为"我建立在古老得多的基因之上"的游戏。那个游戏被打断了，而只是到了现在，我才能完成它。

从前，一只虫子给自己穿上了精美的衣服，讲起了它自己的故事。那些衣服太精美了，那些故事太精彩了，使它几乎——只是几乎——忘了自己是虫子。但它忘不了自己是虫子，不断有证据表明它是虫子。每一块完整的尿布都证明了这个事实。

我们都是虫子——你我都是——我们最终会被虫子吃掉。我们不朽的基因链并非脱氧核糖核酸。我们是根据热力学原理被创造出来的，我们不朽的基因链就是这只虫子。但用不了多久，我们便有机会变得不仅是只虫子。我们一旦去爱，就会变得不仅是虫子：去爱就是抵制那些创造了我们的原理。当然，我们必须遵守这些原理的文字，但我们仍能抵制它们的精神。我们虽不能破坏这些原理，但有时候，只是有时候，我们能使它们让步。

去爱就是挑战创造出我们的历史。爱就是承认一切生物的结局都不会好——这是那些有缺点的设计原理使然。爱就是承认我们所有人的结局都不会好——我们活着就是短暂的失常，很快便会被熵的高涨潮水抹掉。但同时，我们也知道我们人人都免不了被熵抹掉。爱就是理解一个事实：一切有生命、能感觉的事物都需要我们的同情和忍耐，也值得我们同情和忍耐。我们对某个人或某件事做出的每一个善举，都挑战了那些创造了我们的原理的精神。我们珍爱美好的事物，拒斥邪恶的事物，就是对那些创造了我们的原理的精神的挑战。说到底，生命就是在一个不利于生命的宇宙中一次短暂的起义，一段暂时的分歧。热寂①是宇宙最后其实也是正常的状态。生命就是对这个规律的挑战。这种挑战是徒劳的，但这丝毫不会减少它的价值。

但是，我的儿子，我裹着厚厚尿布的小狗崽们，mes pagnons de misères（我的难友们），你们太美好了。在我这只猴子心里，你们一直都是小上帝——会撒尿的小上帝。从逻辑上说，连猴子都知道不可挑战上帝，这当然不假。上帝不会为了自己的存在而去盗窃能量，因此上帝不会有终结。一切不能独立存在的事物，都必须依

---

① 猜想宇宙终极命运的一种假说。据热力学第二定律，作为一个"孤立"的系统，宇宙的熵会随着时间的流逝而增加，从有序变为无序。宇宙的熵达到最大值时，宇宙中其他有效能量已全部转化为热能，所有物质的温度达到热平衡。这种状态称为"热寂"。热寂理论最早由爱尔兰物理学家威廉·汤姆森（William Thomson）于1850年提出。

靠其他某个事物维持其存在。因此它的存在不是绝对的，不是那种任何配得上称神的事物的存在。但是当我从你们脸上只看到了生命、希望、愉快和信任，我又何必关心逻辑呢？逻辑提倡默认。逻辑倡导服从。但只有我们的不服从才能拯救我们，因为我们的不服从就是我们爱的不可分割的部分。若真的存在一位创造了我们的上帝，那么一切爱就都是对上帝的宣战。

6. 迪格大堤

2010 年

  我正沿着迪格跑。迪格是一道大堤，穿过了法国朗格多克省的奥伯河半岛的大部分地区，建造它是为了阻挡地中海冬天的风浪。迪格大堤南边是迈尔岛海区①，然后是海滩。一些年轻家庭已动身去了那里，去了那个充满了生命和温暖、回荡着孩子们夏日欢笑的地方。

  第一次跟父亲来这个地方时，我还是个孩子，他也比较年轻。并且无论我从那时到现在去过什么地方，我的人生好像总是会回到这里：这里一直召唤我回来，为我提供一个又一个借口，而我似乎无法拒绝。我对自己说：你现在当了父亲，还算比较年轻。十多年前，我从这个地方带了一些石头，去埋葬一只被我视为兄弟的狼狗。一个男孩对他与父亲的记忆，对年轻时的他与他死去的狼狗兄弟的

---

 ① 法国西南部的蔚蓝海区，其中的迈尔小岛无人居住。

记忆，对一个很快变老的人（生活再次把那个人带回到了这个地方）的记忆——这些记忆理应属于独身者的生活，这个想法使我震惊，使我根本无法相信。但这些记忆若不是我的，又是谁的呢？

迪格大堤的陆地一边有一些被遗弃的葡萄园。其实，冬天的地中海并不太在乎我们减轻其威力的努力：一个冬天里有两三次，海水会漫过迪格大堤。以前长着葡萄藤的地方，现在成了苦涩、破败的土地。以前那些加工葡萄的屋子被遗弃了，只剩下折断的葡萄藤，凋敝枯萎，与日益零星蔓延的大米草和湿地海蓬子混生于一处。

"线"这个概念，往往决定性地（以某种方式）造就了我们思考时间的方式。我们说"光阴似箭"，我们把时间想象为一条河流，甚至把时间想象为一个人和他的狗，沿着从过去通向未知未来的大堤跑步。我们用一些表示空间的隐喻去想象时间，这似乎表明我们根本没有真正地理解时间。另一方面，物理学家告诉我们：时间是熵的一种表现形式，时间的方向与熵增多的方向一致。我不能确定物理学家对时间的理解是否比我们其他人更清楚。但即使如此，与物理学提供的描述相关的隐喻也大为不同。熵就是无序，因此时间就是从有序到无序的转变。有了这个认识，我们便可以把时间看作一系列波浪，看作汹涌的浪潮，涨起来，退下去，又涨起来，再退下去，反反复复。每一次退潮所剩的潮水，都比前一次退潮时少。我第一次来到这个地方时，葡萄藤还是葱翠的新枝，藤上的葡萄压弯了它们。但时间的浪潮起了作用，而这就是所剩的东西。用不了多久，这些葡萄园所剩的东西便会返回大海。

摧毁我们的不是时间之箭，而是时间之潮。我们终将全都返回大海。

雨果和我正在奥伯河半岛上做15英里循环跑。两个月前，我们从迈阿密来到了这里。在迈阿密的夏天，或在那片地方的狂风与暴雨的际会（这被说成是夏天）中，跑六英里就几乎要了我们的命，我们的体能也支持不了一个小时。但我们现在却在狂奔。一开始我们对这多出来的距离跑得很费劲，但两个月后我们就能用两个半小时左右跑完这15英里。当然，天气不算很凉。这是在6月的法国南方，气温大概只比我们离开迈阿密时那里的温度低几度，但干燥的空气使人很惬意。雨果很骄傲，甚至多跑了几英里，飞快地往前冲，奔向那些站在我们经过的田野边上的白马和黑牛。雨果不算特别勇敢，它朝那些牛马跑去，仿佛是在献殷勤，我对此抱以傻笑。就在几年前，我曾跟一些多少不同于雨果的狗在这里跑步。

我们先沿着海滩往西跑，再沿着瑞维雷特湖（一个小型咸水泻湖）的岸边往北跑。然后，我们沿着迪格大堤又往西跑了两英里，离开大堤，一直跑到大迈尔湖（一个很大的咸水泻湖），瑞维雷特湖就是几个世纪前由它形成的（人们认为那是它的下沉使然）。我们沿着芦苇丛生的湖岸，又往北跑了几英里。我们的一边是湖水，另一边是田野，接着是葡萄园——透过我们面前的热气，中央地块上的山峦在远处闪亮。接着，我们跑到了南运河——贝济耶最著名的儿子彼埃尔-保罗·黎盖（Pierre-Paul Riquet）[1]令人难以置信的工程学遗产。这条运河长150多英里，起点是位于德铎盆地（在我们东边大约30英里处）以西的加伦河。我们只沿着运河朝着西边的维伦纽斯-莱斯-贝济耶跑了几英里，运河两岸茂密枫树的阴影，为它遮蔽了逐渐强烈的阳光。接着，我们在那条穿过葡萄园、通向赛里尼昂的土路上继续跑。我们到了海滩，再转向东跑，东边是我们的家。

但这些只是偶然的事情：距离、方向、时间，甚至风景，都是偶然的。它们都无关紧要。奔跑的心跳才是跑步的本质，才是跑步的本真。在这里，在朗格多克的一个初夏清晨，心跳是柔和的。这里有我双脚轻踏沙土地的声音，有雨果"呼呼"的喘气声，还有拴在它脖颈上的小铜牌的"叮当"声。这里能听见飒飒山风，在我头顶上的枫树枝和我周围的葡萄藤之间作响。蝴蝶在和煦的微风中曼舞。跑步发挥其效力时，我便迷失在了它跳动的心中。我们继续跑。

我想起了另一次跑步，虽然其路线与这次差不多，却是在不同的时间，几乎是在不同的生活里。兽医告诉我，我的狼狗布勒南得了淋巴癌，用专业术语说，其预示就是"警惕"[2]。这就是说，它快死了。这件事很快就会发生，我的首要责任，我能为我这位老友做的最后一件重要的事情就是，尽量让它死得轻松一些。这也许意味着我的

---

[1] 法国工程师，于1665—1681年主持建成了法国南运河，为17世纪工程学的伟大成就。其出生地贝济耶是法国南方城市，有2 700年历史，临地中海，位于奥伯河和南运河交汇处。

[2] 此为仅次于"不良"级的预后。

纠结。它若能在夜里悄然离世，毫无痛苦，不知不觉，那就好了……但恐怕事情不会如此。自从我六岁时麦克斯二世在睡眠中溘然而逝，我的任何一只狗都不曾这样死过。我要做个决定，做个最后判断。这判断将是：布勒南的生命已不再值得去活了。其生命无论是多了一秒还是少了一秒，都不值得再去活了。这就是目标。因此我必须带布勒南去见兽医，我不得不请兽医杀死它。我这是出于仁慈。我犯了错误。我总是怀疑我的决定。即使现在，在多年之后，我仍在自问：那天该杀它吗？我那个决定对吗？那个决定是不是太仓促了？我的决定是不是太慢、太迟、太软弱了？我一直都不能回答这些问题，也许永远都回答不了。

我们刚从寄宿狗舍把尼娜和苔丝接回来，我让它们在那儿住了些日子。那时它们还年轻，拼命似的想出去。我认为让布勒南小憩一下，暂时离开尼娜和苔丝难挨的活泼，对它会有好处。我们回来时，我立刻注意到布勒南的行为变了。它比这几周更欢乐、更警觉、更有趣了，我给它吃意大利细面条，那是我给自己做的午餐。它很快就吞掉了面条。接着，它干出了一件出乎意料的事情：它蹿上沙发，嗥叫起来。

布勒南还是一只年轻狼狗时，有一个常在小聚会上表演的节目。它会朝着一张有靠背的椅子猛冲，跳上椅子，再朝墙壁跑过去。当它跳到了体力能让它跳的最高点——它通常能跳到起居室墙高的四分之三左右——它就会抬起两只后腿来转圈（这是犬科动物的一种

145

侧滚翻），再跑回到墙前。它用这种方式让我知道：我们在屋子里闲混日子的时间已经太久，该出去跑步了。时间渐渐耗尽了它这种蛮横的崇尚运动之举：跳到椅子上嗥叫，已经成了这些活动在它中年时的替代品。不过，我仍然清楚地知道它想怎么样。

花园一头有一条水沟，我们一到那儿，布勒南就开始来回地跑，跑到花园另一头的几棵树那儿，再跑回来：这展示了我多年来没见过的兴奋——至少我没见它这么兴奋过。我们离开屋子时，我打算先轻松地散散步，这段时间让它有机会嗅嗅气味、给一小块领地做上标记。但它习惯里的某种东西（也许是它杏核形眼睛的闪光）却使我确信出了怪事。于是，我们做了一件事，即使现在，我都不能完全相信那件事。

我当时有半年多没跑步了。我曾多次试着去跑。现在布勒南老了十多岁，跑步时很快就会落在后头。我起初试过把这个情况跟跑步结合起来：先往前跑一会儿，再慢跑回来，跟布勒南一起跑，接着再往前跑，追上尼娜和苔丝。我想，让我决定不再这么做的正是布勒南脸上的绝望表情，那绝望伴随着一个认识：你的身体已不再听你使唤——我承认，这是把我的心思投射给了布勒南。当然，尼娜和苔丝仍然能整天地跑。但我可不能对我这位老狼狗兄弟这么做，因此我与狗群的跑步就转变成了温和的散步。

就这样，我们开始了我们最后一次完全出乎意料的同跑。我很快地穿上短衣短裤，翻出了被我扔在一边的跑鞋，然后我们沿着一条窄路朝树林跑，那条路能把我们带到南运河。最初两三英里，我们跑在大枫树的阴影里。当时若是7月，那些树便会使我们万分欣喜。但当时不是7月，它们没使我们欣喜。当时是1月，还有几天就是新年。这一次的山风带着洛泽尔和奥沃涅之雪的味道，朝着枫树间向下猛刮，那些树就像一个枫树风道。这次跑步冷得要命。每一次跑步都有自己的心跳，但这次是一颗寒冷的心的跳动。那些大枫树的树枝了无生机，没有树叶，被带雪味的山风吹得摇摇晃晃。我们的脚步没有声音，我们的呼吸，以及布勒南的链子的"叮当"声，都消失在了风中。那就像我们根本没在那里。

我曾盼着布勒南很快就累。我盼着早点儿回家。但它不累，一点儿也不累：它就像在我（我几乎就像它一样老）身旁的地面上飘，一副毫不费力的样子，几乎就像飘着，离地面一两英寸，几乎就像它不是快要死了。其实，若必须从我们两个当中挑出一个快要死的，你几乎一定不会挑布勒南。可以说，对我来说，在法国的那一年并不太愉快。那段时间里，我写的不多，想的不少，但最重要的是喝了很多新酿的红酒——我成了红酒的好友，尤其是弗格雷斯红酒和圣芝尼安红酒。我曾停止跑步，渐渐迷上了红酒。因此我当时的状况是：温和，迟缓，俯瞰着40岁这个年纪，自从审视我的年纪成了坏事之后，那还是第一次审视我的年纪。

我们到了两三英里外的那个村子，很快就见到了南运河的一条岔路，于是沿着村子葡萄园边上的土路跑。我当时有点担心，因为我们快要接近离我们房子最远的地点了。癌症使布勒南体重大减，但即使如此，它的体重想必仍有120磅左右。我真的无法想象不得不背着它走三英里回家。但它还是像飘一样地跑，仿佛它体内的死亡并没使它烦恼。我们跑了大约一英里，小路朝南拐去，把我们带到了大迈尔湖东岸。我们一边是大迈尔湖，另一边是田野，田野上分散着一些当地的白马与黑牛。好多牛都站在齐膝深的水里。我们似乎没怎么打扰它们。

阳光和煦，温暖着我们。我们现在把树林留在了身后。连山风都吹不走太阳的温暖，而午后的太阳已开始了它沉入大海的缓慢之旅，阳光在被朔风吹乱的大迈尔湖面上狂舞。我们沿着这片泻湖跑了大约一英里，便到了迪格大堤。我们在那儿跑了半英里左右，然后再次向南跑，很快跑到了海滩。我们在那里休息，坐在正在消失的一月的阳光里，望着海浪轻轻地冲刷着金色的沙子，被树桩过滤过的沙子，冲刷着上周的风暴卷来的碎石。太阳慢慢地落向雪峰兀立的卡尼古山①，它安卧在海滩周围的群山中，其南边就是西班牙。

空屋正等着我们两个。但至少还有那么一刻，我们曾坐下来望太阳。

布勒南死时，我39岁。使我震惊的是，那一年对我们两个来说都不算太好：一种生存（坏的生存，不是好的生存）的世纪末状态。那一年，我们的髓鞘开始崩溃。髓鞘包裹着神经轴突，神经轴突是

---

① 位于法国西南部比利牛斯半岛，海拔2 784米。

大脑细胞之间的联结。这些髓鞘碎得越厉害，神经之间的连通性就越差。由此开始了认知与运动能力衰退的长期过程。你处理信息能达到的速度，你移动自己身体能达到的速度，随着被称为神经的"动作电位"的频率而增加。这是一种沿神经轴突发生的放电过程。快速的信息处理、快速的身体运动，都需要高频动作电位的爆发。高频动作电位的爆发，依赖于包裹着神经轴突的髓鞘的完整性。因此这些髓鞘若是破碎了，你就既不能像以前那么快地思考，也不能像以前那么快地运动了。髓鞘的完整性从39岁开始下降。

看样子，我的肌肉总量也减少了20%。自那天我跟布勒南坐在海滩上，这是另一件必定会发生的事情。至少，这是40～49岁之间肌肉的标准减量。跟布勒南沿着奥伯河半岛跑步那天，我还没到48岁，远远没到——但即使没到，我的肌肉也已减少了。诚然，变老的速度因人而异，但一旦身体的任何部位开始衰老，若无任何严重干预，那衰老便通常都是线性的。这就是说，我们任何方面衰老的轨迹都是直线。那条线的斜度因人而异；在同一个人身上，那条线的斜度则因能力不同而异。但就每一种能力而言，那条线通常都是下降的直线，除了少数的局部轻微偏离。这就是我们的生命之线。

我认为，作为哺乳动物一定有大量益处，但也有一个明显的缺点。例如，很多爬行动物就不会衰老——不会像哺乳动物那样衰老。但所有哺乳动物的必死性都会随着年龄增长而逐渐增加：哺乳动物年龄越老，就越有可能被吃掉，或者动作变得太慢，以至捕不到食物。爬行动物的必死性不会随着年龄增长而增加，爬行动物能保持相当多的不变因素，直到它们很老的时候。哺乳动物变老时，它们就失去了繁殖卵母细胞的能力——雌性不再能够繁殖细胞。爬行动物丝毫不会丧失这种能力。它们能不断地繁殖年轻细胞（更准确地说，这包括将要变为年轻一代的卵子），直至死亡。一些爬行动物失去四肢后能再生，任何哺乳动物都不能如此。哺乳动物大都有两套牙齿，而一旦把那些牙齿用坏、用光，它们就要倒霉。爬行动物一生都在不断地换牙。因此，哺乳动物的衰老并不像爬行动物。但哺乳动物是从爬行动物进化而来的。在应对时间的流逝方面，是哪些进化过程造成了这种差别呢？

在危险的环境中（例如其中有很多捕食者）进化的动物会把繁殖最大化。这个策略最适于应付危险。这种动物将成为所谓"R选择型"物种，这种选择有利于快速的发育、较小的体型和较短的寿命。另一方面，生活在危险不多的环境中的动物，会面临与同一物种其他成员为争夺资源进行的重要竞争。这种动物将成为所谓"K选择型"物种，这种选择有利于双亲对后代的抚养、缓慢的发育、较大的体型和较长的寿命。至少在近几年中，大象和鲸鱼是K选择型物种；家鼠、田鼠和老鼠是R选择型物种。[①]

[①] 此段涉及生态学的"R-K选择理论"，该理论研究生物种群的繁殖规律，由美国生态学家麦克阿瑟（Robert MacArthur）和威尔逊（Edward Wilson）在1962年提出，认为体型大、生育力低、能良好保护幼小个体的是典型的K选择型物种（如脊椎动物），而体型小、生育力高、对幼小个体抚育时间短的，则是典型的R选择型物种（如昆虫）。

不过,"近几年"这个说法只是为了生动起见——其中的"几年"顶多是6 500万年。恐龙还活着时——那段时期也占据了哺乳动物将近四分之三的历史——所有的哺乳动物都是R选择型物种:它们都是体型小、夜间活跃的动物,其体型不会大于老鼠,顽强地坚守在食物链底层。因此我正以我的这种方式衰老,是因为我后来的K选择没能彻底抹除或覆盖早期哺乳动物的R选择。

这就澄清了一个问题:这全怪恐龙。你想到这个时会觉得有点倒霉。没有早期哺乳动物的R选择,我的生命轨迹本来会更像爬行动物。我仍会出生、成长,直至衰老。从这个角度说,我哺乳动物的生命轨迹似乎只是有点小小的不幸,因为显然还存在其他一些可能性。我最早的祖先们只要不那么胆小,结果便会完全不同。聪明的爬行动物若跟我们这些恐龙的后裔一同进化,我就完全可以断定:我感到的就不会只是一点点羡慕。我一定会得出一个结论:在伟大的生命进化抽奖中,我抽到的那根稻草比恐龙的短得多得多。后恐龙①大概会对我表示同情:"伙计,你真倒霉!"我想我可能是蜉蝣的后裔(不用说,这个"可能"的意义格外宽泛):我的寿数只有两个小时。但是,我比一些动物幸运并不等于说我不倒霉,正因如此,我才应当考虑到一切。

哲学家们十分重视我们生命中的衰老和死亡,对它们的议论却很少,鉴于哲学家在我们生活里的中心性,这很出乎意料。他们的

---

① 此指与人类一同进化了的恐龙。

有关言论往往几乎无可置信。例如对死亡这个主题,许多著名哲学家的言论都惊人地乐观。伊壁鸠鲁指出:死亡伤害不了我们,因为我们活着时,死亡尚未发生,因此也尚未伤害我们,而死亡发生时,我们已不再会受到伤害了。晚近得多的伯纳德·威廉姆斯[①]指出:我们对不朽的估计过高了,因为这最终会使我们失去自己的绝对欲望[②]——那些作为我们生存理由的欲望——其结果就是永恒的厌倦。

哲学家们(叔本华除外)满足于对死亡做些颇难让人信服的议论,而对衰老这个主题则几乎未置一词。就他们那些议论而言,其成果也同样让人难以置信。例如,柏拉图在《理想国》中嘲弄地描写了一个老头克法洛斯。克法洛斯认为,年老体衰是好事,因为你已不再受制于"青春的种种欲望"的暴政。但他们并未谈到,在哲学家关于人生中什么最重要的沉思中,衰老这个问题自行显示得最为清楚。这些议论似乎都大大偏离了主题,几乎就像衰老并不是人生一个不可避免的特征。享乐主义者告诉我们要快乐。人生的全部意义就在于快乐。但我的人生却每况愈下,越来越糟,最后死掉。我难道不该至少有机会说一句"人生其实毫无快乐可言"吗?人生

[①] 原文中为"伯纳德·威廉"(Bernard William),这显然是错讹,应为伯纳德·威廉姆斯(Bernard Williams),英国道德哲学家,1999 年受封为骑士,其著作包括《自我问题》(*Problems of the Self*,1973)、《羞耻与必然》(*Shame and Necessity*,1993)、《真与诚》(*Truth and Truthfulness*,2002)等。

[②] 见伯纳德·威廉姆斯《个人、性格与道德》(*Persons, Character and Morality*,1976)一文。他认为,人人都有绝对欲望,它们不但构成了基本人格,而且是人们议论人生的基本要素;不能以任何外在的道德要求命令人们放弃它们,因为它们就是人生本身。

的全部意义若是获得快乐,我的历史、生物学和自然规律留给我的人生,便似乎坎坷得惊人。在我能找到快乐的地方夺走快乐,也许这就是人生。但人生中的其他时光——我无法在其中找到快乐的大部分时光——又该怎么办?我该怎样度过这些时间段(它们可能占了我人生的绝大部分)?

于是有了"把你自己做到最好!"这句启蒙咒语,它曾被我们几天后就要返回的那个国家(指英国)热烈地采纳。人生要义就是实现自我:塑造你自己,使之符合你关于你愿做之人的幻想;努力奋斗,变成你那个可能实现的幻想的最佳化身。但这忽略了一个事实:例如,今生大部分时光都是不断每况愈下的过程。正如叔本华所言,"今日不好,且一日不如一日——直至最差终于到来。"依我看,在每况愈下方面,我倒是能做到最好。但这根本不像最初那个幻想那么令人鼓舞。

尼采告诉我们:要做强者。那些没杀死我的东西,使我更强大了。也许吧,但不幸的是,某个东西迟早会杀死我。他还说:快乐就是感到自己的力量在不断增多。但我发现:我今生的大部分时光里,我的力量都在不断减少,这真是莫大的不幸。我本该想到,回答我该怎样度过今生这个问题,必须以这个明显的事实为出发点,不能愉快地忽略它。

我作为职业哲学家的生涯刚开始时,曾在一次会议上做主旨发言。对一位十分杰出的著名哲学家的一个有明显瑕疵的观点,有人提出了明确的质疑。此事发生在我发言后紧接着的"问答交流"时段,所以大部分听众依然在场。那位哲学家没做出充分的回答,却提出了一系列散乱的事例,那些事例与论题几乎毫不相干。质疑者是我的大学同事,很有肚量。他终止了质疑,撕下一张便条递给我,上面写着:"他答不下去了。"那位哲学家的确答不下去了。显然如此。但这并没阻止其他听众朝他扑去,就像一帮杀人者闻出了一个有致命弱点的侪辈①。此事使我大为震动。我知道,这就是生活为我预备下的东西。总有一天——我不知道它何时到来,但知道它迟早会来——我也会无以作答,无论我像他那样当众暴露了自己的无能,还是把我的无能私藏了起来。无论是哪种情况,至少对我来说,那都是极其深重的悲哀。我想象克法洛斯会小声对我说:"至少你可以躲开那些暴君般的青春欲望了。"对,那么一来,一切不就平安无事了吗?一些哲学家谈论人生和人生重要之事时,我发现我不禁会想到那位年迈的著名哲学家:他一向都做得很好,但年迈时做不好了。我能看到的,只有那一系列散乱的、与论题几乎毫不相干的事例。

　　正是在雨果和我沿着迪格大堤往回朝那个小村跑着时,正是在我跑步和沉思过程中的这一刻,我的小腿决定再次强调我的哺乳动物血统(我认为这很没必要)。从1977年起,小腿肌肉撕裂就一直断断续续地困扰着我。那年我在金塞尔跑步时,常常冲下查尔斯堡

---

① 这是夸张的比喻,指那些人对老哲学家的诘难。

旁边的小山，但那只是闹着玩罢了。一次冲下山坡时，我的左小腿肌肉受了伤，从此一直周期性地发作。两年后，我的右小腿肌肉也出了问题，虽说当时我已在跑步时练过下山疾跑。但直到今天，我的小腿在过去三年里一直都没出过问题，因此我以为我可以不管这个特殊问题了。我在迪格大堤上徘徊了一阵，想看看我能不能奇迹般地把这个问题拖到以后解决，但毫不奏效。

修复这个伤情所用的时间，一次比一次长。我这里虽说了"修复"，但那其实就像根本没有修复，除非在屋中闲散度日、顾影自怜、低声抱怨这一切是多么不公道也算修复。第一次出现这个问题，我两周之后就又开始跑步了；而上次出现这个问题，六周多之后我才恢复。这一次我实在应该真正地解决这个问题了——用什么东西挖出受损组织，或者听凭医生处置。同时，我认为我最好是"超然地"看待整件事情。在我这个岁数——我正阔步走在危险的心脏病发作的大道和小路上，我的人生完全可能猝然而止——小腿肌肉的二级撕裂远远算不上是最糟的。

休息、冰敷、收腿、抬腿，所有这些事情我现在都不做了，尽管应该去做。今早我没去跑步，在家中跛行，想发现马上就会有人迫切需要我的服务。我想，我会有好一阵子不会去跑步了。但是，走步、跛行、蹒跚、拖着脚走——这些毕竟都是我要做的。重病，失去某个肢体，一两天之后，这些情况就会落到我头上……但这完全是再常见不过的。我的两个儿子需要跑步："来呀，老爸，我们想去海滩。"于是,我就沿着那条通往海滩长约700码的小路,拖着沉重的步子跛行。我承认,这么说也许有几分夸张。我前面几码远是我的大儿子布莱尼。他刚三岁,骄傲地骑在他的第一辆自行车上,拼命地蹬,幸亏骑得根本算不上快。妻子爱玛在我们前头,骑着租来的自行车,车后座上坐着我的小儿子麦克森,上个月一岁了。今年红鹤来得早。我第一次来到世界的这个地方时,年岁比我儿子们现在大不了多少,一见到这些可笑的外国鸟,我就惊得合不上嘴。但布莱尼和麦克森却是迈阿密人。布莱尼告诉我:"老爸,它们不太好看。"他说得不错,与他在迈阿密见过的闪闪发光的橘红色加勒比红鹤相比,这些红鹤显然是黯然失色了。

冰凉的海风是一种安慰,一种变换,很受欢迎。布莱尼的嘴唇几分钟内就会变紫,但他不愿没战斗一场就被拽出那个地方。我们必须玩一个重要的游戏——把他举到海浪上,同时像颂祈祷文似的说:"上去吧!跳过去吧!"孩子们在催我:"老爸,你还没那么说呢,你非那么说不可!"接着就是堆沙堡——沙堡周围挖一圈壕沟,壕沟可不会使当年的彼埃尔-保罗·黎盖感到不安。壕沟里有我一瘸一拐地从地中海弄来的水——做出沙堡和壕沟的唯一目的,就是让男孩子们接下来毁掉它们。他们从远处跑过来,用身子猛砸沙堡,肚子狠狠地摔在沙子上,毫不雅观,还像土狼那样一声一声地嗥叫。雨果给他们帮忙,围着他们大叫,口吐白沫,活像得了狂犬病。我本来可以玩一次这个游戏,但那时我老了,不再理解它了。现在我也许开始再次理解它了。

我想，也许儿童（以及他们的狗）比成年人更懂得人生中什么重要。我堆沙堡，那是在工作：堆沙堡是为了使我的儿子们开心。他们毁掉那些沙堡，那是在游戏：他们那么做不为别的，只为了毁掉那些沙堡。没了沙堡，也没了孩子们那番肚子先着地的举动。我想，没有比这更能有力地确认这一点了：游戏的价值高于工作的价值。这游戏伴着欢乐——这欢乐使你全心投入活动，不在乎结果；投入行为本身，不在乎目的。也许我不再能理解游戏了，但我能看到欢乐，能感觉到欢乐。我能听见欢乐在流向非洲的海水上回响。而我们离欢乐并不远。我能看见它。我们离那个地方并不远，在那里，我曾坐看一只濒死的狼狗，并看到寒冬的太阳随着狼狗生命的渐渐消逝，徐徐下落。

这种欢乐回响在海面上，也回响在我的人生岁月里。更早的时候，布勒南去世刚两个月时，尼娜、苔丝和我恢复了同跑。那天早晨晴朗而寒冷，我们到了赛文山脉，位于中央地块南部的群山。那天我们要穿过"矿工山口"，进行一次30公里的长跑。我带了一个小背包，里面有一些食物和水，还有一张地图。我不想赶时间。我很久没长跑了。这次长跑若是要用一整天，那就用一整天好了。

明亮的阳光，闪烁在高山湖冰冷、碧蓝水面上。地图告诉我，我们只跑了六公里，可我已经感觉到累了。生活在海平面上的人，其表现往往会在海拔3 000英尺左右受到影响。我们正位于海拔

4 000英尺的山上，因此大概是高度影响了我们的表现。但我想，主要的问题也许是我。我当时体力很差，而我在迪格大堤上跑的少得可怜的几次10公里，其实并没打破我那种状态。暂时不跑后的每次再跑，我的痛苦都比前一次更甚。趁着那个纠缠我的阿基里斯之踵[1]暂时休眠（它无疑会再醒过来），我继续跑步，拼命苦斗。尼娜和苔丝发现这么做容易得多。它们也在变老。我们跑步占去的那些时间，开始向我们征税了。我没碰到什么大事，那天我没有产生活跃的思想，那只是一次艰难的跋涉。

我之所以记得那次跑步，原因只有一个。那天我们跑了大约10公里时，停下来坐了一会儿，快速地吃了些东西。开阔的山顶上，有一条小路通向我们身后几公里处的森林。我们坐在路边一小块空地上。尼娜和苔丝累垮了，筋疲力尽。苔丝用几分钟吃了东西、喝了水，然后站起来走了几码，朝尼娜跑过去，做出"哈腰卧"[2]的姿势。尼娜跃了起来，就像已经歇了好几天。它们离开我，跑到了路上，咆哮着猛咬对方的肩和脖子。我能看见欢乐。我能看见欢乐就在那儿，就在尼娜大大张开的爪子里，就在苔丝高高跳起的步子中。欢乐不仅是一种内在的感情。欢乐能被看见，只要你懂怎么去看。

那些山中很冷。雪才从山上消失不久，即使在中午，云也依然固守在我们脚下的谷底。阳光并没照到我们坐的那块空地，而照耀那块

---

[1] 比喻要害，此指作者最易受伤的脚踵。
[2] 狗与同类或人类交流的一种身体语言，前脚趴在地上，胸口贴地，身体后部仍然抬起。

空地的，是我那两位朋友。当然，以前我也多次见过这个游戏。这游戏几乎每天都发生。它们这么玩时，我知道它们是快乐的，就像一个人知道另一个人心里想什么那样一清二楚。但今天，情况却不一样了。我说的不是它们的欢乐，我看到了它们的欢乐。有一些草场（田野），也有一些能量场。我们穿过前者，沉浸在后者中。尼娜和苔丝曾有幸穿过很多草场——爱尔兰的大麦田、法国的熏衣草场。它们跑在那些地方，它们的欢乐放射出来，回响在广大的空间里，那空间就是我和它们之间的空地。跟它们一起站在那儿，站在一个通向法国的山口的林间空地上，我沉浸在一个欢乐场里，被它拥抱着。这种欢乐一直弥漫在我这些年里的跑步中，尽管我不知道怎样观察它。我与那几只狗同跑时，欢乐由外而内地温暖着我。

今天在海滩上也是如此。欢乐就是承认生命的固有价值，就是承认为欢乐而欢乐的重要性。我看见了我的孩子们在夏天的欢乐，我听到了欢乐在碧水上回响。以前我的欢乐是一种蜷伏在我内心中的感情，如今它再次定位于我身外。我生活中有过一些时刻——为数寥寥，转瞬即逝——我会感到这种欢乐。欢乐以前是一种感觉的方式，现在变成了一种观察的方式。短短几秒钟，这个变化就完成了。这种由内而外的转变只持续几秒钟，然后就消失了。但我却越来越相信：它们就是我人生中最重要的几秒钟。欢乐的这种转变会自动地表现出来。爱情会持续一生，但欢乐却只会在一瞬间自动显现出来。

很多人都不理解衰老，不熟悉衰老的解剖学和生理学。在时间的绵延波动中，损伤发挥了作用。一旦某个损伤淹没了你，你就永远不能彻底回到你从前的强壮状态。最初你也许不会注意到这一点。你也许觉得一切还都正常。但你肌肉或关节的某个弱点，却已开始动身回家了。任何修复都无法改变这个事实，损伤迟早会再来。最初是一点小麻烦，后来麻烦越来越多。有些时候，你的状态并不是百分之百的好，但你还是出去跑步了。这没什么问题，这是你必须做的事情，因为这样的日子会越来越多。你若不知道这个情况，你的状态便永远都不是百分之百的好。但你还是继续跑，因为那是你必须做的事情。起初你的状态是95%的好，然后是90%的好，后来你有一次心律不齐，你的状态下降到了75%的好。你跑步的距离越来越短了，你跑步的次数越来越多了。你不知道这是为什么。你认为，只要你能暂时不受伤，只要你能彻底摆脱这些小麻烦，只要你能正常地跑步，你就会回到从前的状态，就会做成以前做成过的事情，就会用以前的时长跑完以前跑的距离，就会回到这次倒运的跑步之前的状态。但这个想法完全不得要领。衰老正是这种倒运的跑步。你永远都不会跑得像以前那么好。身体的种种小麻烦、种种疼痛和弱点越积越多，最后你完全成了一团交织在一起的小麻烦、疼痛和弱点。无论休息多久都改变不了这个状况。你一时恢复了原状，暂时感到不错，但其时间很短，你会不知不觉地回到你受伤以前的状态。这就是衰老的表现，就是你正被删除的表现，就是你开始渐渐消失的表现。这就是现实。跑步和很多事物相似，其中之一就是迪格大堤，它想挡住冬天的狂风巨浪。它也许能挡住片刻。但说到底,我们都终将返回大海。

把人生看作一个发展过程,这很常见。随着我们逐渐变老,我们逐渐知道了人生中什么重要。智慧随着年龄增加,而我们若足够勤勉和熟练地运用智慧,连我们人生的意义都会向我们自动显示出来。相反,青春则是不成熟的年龄段。青春是生存的前篇,其重要性仅仅在于把我们装备起来,以面对即将到来的成年生活。这是一个悖论,正如德国哲学家摩里兹·施利克所说:"做准备的时间似乎是人生中最甜美的部分,其后执行的时间似乎是人生中最辛苦的部分。"

这个悖论也许表明我们误解了青春。它表明:人生中重要的东西,并不是我们正在赶往的目的地,而是一些欢乐的时刻。它们分布于人生全程,存在于欢乐由外而内地温暖我们的瞬间深处。在这些时刻,我们全心投入活动,不在乎结果;全心投入行为,不在乎目的。欢乐就是承认一些事情值得为了它们本身去做,就是承认人生中自动显示出来的固有价值。这些欢乐片刻的聚集,在青年时期最引人注目。儿童和他们的狗也许更知道生活里什么重要。他们知道:生活里最重要的,就是那些值得我们只为了它们本身去做的事情。他们本能地、毫不费力地理解了事物的固有价值。在我看来,这是一件困难的工作。重新理解我想必曾经理解的东西,已占去了我半生的时光。即使现在,我有时仍会发现自己很难理解这种欢乐,更不用说感觉它了。在这样的时候,我知道我已误入歧途,知道我被逐出了伊甸园。

尽管如此，我有时还是会被暂免放逐。施利克曾写道："人生的意义就是青春。"但重要的是：青春不是年代学概念，不是人的生物学年龄。脸上的皱纹，并不一定会把一个人逐出青春之园。一旦行动变成了游戏，便有青春存在。一旦为了事情本身、而非为了其他目的做事，便有青春存在。一旦全心奉献于行为而不是目标，便有青春存在。欢乐随着这种奉献而来，因为欢乐不是别的，只是承认人生的固有价值。有一种人生，我们在其中全都终将回归大海。补偿这种人生的，是我们在其中看到的固有价值，只要我们懂得如何去看。

7. 自由的边陲

2011 年

  比赛在大约八分钟前开始,我刚跨过起跑线。在两万多名参赛者当中,我的排名在一万以后——至少珊瑚阁的长跑赛开始时,一直流传着这个谣传的名次,还有大量的人在我后面。我希望一直如此。正如人们所说,总会有人跑得比你慢,但他们今天没来。拖沓的行走变成了混乱的慢跑,我跨过了起跑线,然后……我必须跑到比斯坎[①]林荫道旁的草地上。脱水会增加抽筋的风险,抽筋会增加肌肉撕裂的风险,因此我确保做到了一件事:从早晨 4 点上火车到 6 点 15 分起跑,其间我喝了很多罐"给他力"[②]。到现在为止,一切都完全按照计划进行,因此我开始对我今天的前景感到相当乐观。赛前我最

[①] 佛罗里达州东南部海湾。
[②] 一种运动饮料。

后一次上移动厕所时，我想必还在待跑护栏以内。参赛者的队伍很长，移动得很慢，所以我不得不离开人群，躲到海滨公园里，但在那儿碰上了迈阿密-戴德县的警察，而我若在别的情况下这么做，他们至少会朝我发射泰瑟电镖①。起跑线旁边的那块草地上，远不止我一个人——大概还有一百个男男女女。我们留在待跑护栏内有半个多小时了，看来很多人都遇到了和我一样的问题。

我怀着必要的谨慎，回到了比赛里，在一条微微上坡的岔路上跑，它通向麦克阿瑟堤道。到目前为止，我好歹达到了计划中的马拉松速度，我估计这个速度是令人目眩的每小时 5.5 英里，并且我的小腿到目前为止还没出问题，接下来的赛程就有点棘手了。麦克阿瑟堤道的第一段是全程中最大的斜坡。一些人打算走上去，这么做很合理，你靠奔跑省出的少量时间，补偿不了你体能的额外消耗，那些体能对（例如）20 英里及更远的长跑至关重要。我跑完了这段路，很是高兴。我的问题与此不同。我不想从另一边跑下坡。下坡时，想必小腿承重更多。这当然是我小腿长期问题的开始。当然，谁都不会把麦克阿瑟堤道的微微上坡比作金塞尔的那些山。可是，我之前跑下一个几乎看不出来的小斜坡（经过一个水道）时，我上一次的小腿损伤就自动宣告了它的存在，我因此失去了一切机会。我知道麻烦来了。我周五收拾好行李之后，着魔似的研究了比赛全

---

① 美国泰瑟国际公司生产的用于控制行为能力的电击武器，能在行为人身上射入两个镖形电极，传导电流，使行为人的神经肌肉暂时失灵，强电流能造成剧痛和肌肉痉挛。

程路线的录像，并一直计划走下那个斜坡。我就是这么做的。我走到坡底时，小腿还算好，我觉得这是个胜利。我开始相信一切都会顺利，至少我的小腿会如此。而我跑完26.2英里所需的全身健康和能力，却完全是另一回事。

我认为在这一点上，我有两个不利之处。第一，我的训练时间被大大缩短了——推荐给马拉松初次参跑者的训练，我只完成了一半。在过去两个月里，我什么都不能做。第二，我不擅长跑步，自然也不愿重返适于跑步的状态。因此我能做到的便只是要放聪明些。换句话说，要格外地保守，至少在比赛的前半程要如此。因此，我就挤进了每小时跑2.3英里的"配速跑步者"①当中。这不是事前计划好的。赛前我连有"配速跑步者"这种事都不知道，更不知道那些人都很友爱，全程都举着标志牌，上面写着他们跑步的计划时速。这个主意真是太妙了——无论是谁最先想出来的，都理当尊为圣徒。我跟在写有"2.3"的牌子后面跑，尽量让自己舒服一点。按计划，我现在应该在已跑完的13.1英里处停下来。在麦克阿瑟堤道另一头，我暂时离开了那些配速跑步者——我们穿过南滩时，那儿还有一个下坡，我也是走下去的。但此后我稍稍加快了速度，追上了那些人，然后只管低头奔跑，在每一个救护站（从标有三英里的地方开始，差不多每一英里就有一个救护站）都喝四杯"给他力"水，而那只是为了全身放松，自得其乐。我们跑上南滩时，太阳已

---

① 设定了单位距离用时的长跑者。

经低垂,就像悬在高高的天际线上的一个金色的希望。我放了心,非常兴奋,非常快乐。

我在迈阿密已住了四年,但很少去南滩,那儿有酒吧、饭店和夜总会。你有了两个小孩,你又属于那样一种父母:对孩子们晚6点的就寝时间抱着一种绝不让步的独裁主义态度,在这种情况下,你就不能常去南滩了。在这个寒冷却很晴朗的早晨(以迈阿密的标准,所谓"寒冷"是指气温在18摄氏度左右),我7点前后跑上滨海大道时,其实想的是:这也许是我第三次来这里。在这里,沿街有很多张微笑的脸,冲着每一个人(包括我)大喊大叫!这显然是在鼓励我们。美国人喜欢受鼓励,鼓励声越大越好。我对鼓励却没迷到这个程度。这无疑是英国人的性格。我该怎么办?我可以不理他们,但那会显得粗鲁无礼、不知感激。我也可以对每一个尖叫的支持者报以片刻赞赏的微笑,可以做出滚浪的手势,甚至可以举手击掌①,但那似乎会使我分心,也很费力。对我已得到的,我已经很满足了。我尝试着稍微加快脚步,好尽快跑完这段赛程——加快节奏,以避开那些刺耳的噪音。但我知道这在后来会惹出大麻烦。因此我采取了第一个办法,粗鲁无礼、不知感激地喘着粗气笨重地向前跑。

我跑上了滨海大道,那儿的咖啡店和饭店都空无一人,大道东边是几条我叫不出名的大街。我朝北跑,经过林肯路,那儿有更多

---

① 美国文化中的一种手势,双手在头顶上方击掌,表示庆祝成功。

我从没见过的街道。然后我们跑到了威尼斯堤道，它会带着我们远离海滩，返回市区。这个堤道是由一系列短桥连起来的几个小岛。向左看去，我见到了比斯坎林荫道两边高耸的酒店大楼，那条林荫道是半程和全程马拉松的终点线。又跑了八英里。离半程马拉松终点还有五英里。参加配速跑的人（也祝福他们）已望见了终点的标记。2点20分左右，我发现我跑到了12.8英里的标记那里。现在是做出决定的时候了。我可以止步于半程马拉松的终点。我报名参加的是全程赛，9月我得了假性痛风之后也没打退堂鼓。但半途止步却是可行之选，我想他们甚至会发给我一块半程马拉松完成者的奖牌。

我迅速估计了一下自己的身体状况，得出的结论很不明确。我很累，这是不能否认的事实。我当然没有筋疲力尽：桶里还有些汽油，但我不知道够不够让我跑完下一个13.1英里。我想，这种刻意的估计其实也许只是附带的现象，只是我清醒的头脑喜欢采用的一种伪装，只是它喜欢玩的一种游戏。我始终都知道：我打心底很想接着跑下去，试着跑完全程，除非我的小腿彻底失灵，或者我的双腿完全不听使唤。因此我知道，我是想弄清什么能把我打败。若就此停下，我便会想象出我此后一周的状态——为了我可鄙的谨慎而恨我自己，整整一周都在不断自问：我若跑完全程，又会怎样？我会受不了。哪怕我试过却失败了，哪怕我跑不完第二个13.1英里，至少我能知道自己全力以赴了，更能确切地知道我具备的一切能让我走多远。有的时候，知道就足够了。

左跑道在半程马拉松的终点关闭了，所以我转到了右跑道上。对比十分鲜明。半程马拉松结束了，那条跑道上有很多很多笑脸，有快乐的喊叫，有噼啪的掌声，有高举的手臂，周围是亲友们响亮的欢呼。那条跑道的大部分已经没有人了，也静了下来，它就像是一条诅咒之路，而不是拯救之路。我用手机给妻子爱玛打电话（我的手机塞在了跑步腰带里，以备不测），告诉她不必过来见我，几个小时后再说。接着，我跑过第四大街的桥，听天由命。

我也许并没为这次马拉松赛做过特别训练，但我多年一直进行长跑。我是在12月初开始训练的——20英里；去年夏天，我又在法国练了长跑，至少那次跑步的里程离20英里差不太多。我一直在练长跑，时断时续，这可以追溯到我在美国阿拉巴马州生活的日子。那时，跟我同跑的那些狗还年轻。我经常辛苦地长跑，因为它们需要如此。有时，它们一大早就醒了，跳出了墙外，于是我就知道了我们今天要去跑20英里，完全是为了取乐。它们老了以后，我们的长跑渐渐停止了，也许每天只跑够了5英里，然后只是漫步。它们死后，跟我同跑的几只狗又是年轻的，跑的距离也加长了。我对自己说：这两个十年的跑步即使是间断的，也已经影响了我今天的状态。我认为它们一定会如此。但我只想弄清：它们究竟在多大程度上影响了今天。

你开始跑步时，或者说你长期不跑后再度开始跑时，你的跑步往往会包含多种状况，我最近决定把它们称为"笛卡尔状态"，其名源自17世纪法国哲学家勒内·笛卡尔。笛卡尔认为，身体

（笛卡尔有意把身体与大脑合为一体）是一种物体，它与其他物体的唯一区别是其细节构造。头脑或心灵、精神、自我，笛卡尔放心地认为这些词可以互换，则与身体大不相同。头脑是非物质的，由各种不同材料构成，服从于一些规律和原理，与物体服从的不同。由此得出的观点就是笛卡尔二元论，即把我们每一个人都看作两种非常不同的事物的混合体：一种是物质的身体，一种是非物质的头脑。

笛卡尔状态和我一起，可以回溯到很多年以前。今天它第一次亮相了，不用说，它也曾出现在其他一些情况下，有时出现在14英里的路标之后。我对我的腿说，先让我跑完15英里，然后你们可以走一会儿。但我当然必须保证一点：今天我也像在去年11月那样撒了谎，当时我正尽力把我的长跑距离恢复到20英里。在长跑中走一段，这并不算错，至少我这么认为，尽管别人会不同意，前提是你不得不走。训练不足、状态不太适于长跑的人跑完马拉松的办法之一就是，有意在比赛中插入几个步行的时段。例如，你可以先跑20分钟，再走5分钟——我周五收拾行李时，有人就给了我一些忠告，这就是其中之一。或者你若愿意，也可以先跑5分钟，再走1分钟。对一些人来说，这个办法也许极为管用，但我认为它对我不灵。我太缺少训练了。对我来说，步行太容易上瘾。我若现在开始步行，便不敢保证自己能再跑起来。长跑中会出现我打算步行的时刻，但我必须尽量推迟那个时刻的到来。因此有时跑到14英里的路标之后，撒谎便会开始。但谁是撒谎者？对谁撒谎？当然像是我的头脑

169

在对我的身体撒谎。不幸上当的,正是我的身体。需要被说服的,也正是我的身体。但头脑与身体若不是两种不同的事物,我的头脑又怎么对我的身体撒谎呢?正是这种直觉,才决定性地启动了笛卡尔思考。

在某种意义上,我认为我会发现这些二元直觉令人惊诧。我在职业生涯的大部分时间里,一直都忽视了二元直觉。很久以来,笛卡尔二元论一直都在为一些经验的、逻辑的问题所困扰。近来,有少数人认为头脑和身体是两种不同类型的存在。一代又一代的哲学家,或者把构建令人信服的论证、以反对二元论作为己任,或者发明一些容易使人上当的含糊之词,例如"机器里的鬼"①,以诋毁二元论,但并未奏效。笛卡尔不可能是正确的。我知道这一点。但从长远看,我有时却几乎相信他是正确的。尽管如此,无论是对是错,这些二元直觉(你若愿意,也可以说笛卡尔式沉思)都仅仅是开始。精神的幻想只是长跑所能表现的一种方式。

过了一会儿,笛卡尔状态通常都会让位于我的老友,即思想活跃的状态。我现在想,可以用另一位哲学家的名字给这种状态命名。这是跑步的一种"休谟状态",其名源自18世纪苏格兰哲学家大卫·休谟(David Hume)。他的《人性论》(*A Treatise of Human Nature*)中有个著名的段落:"每当我最私密地进入我所说的我自

---

① 英国哲学家吉尔伯特·赖尔(Gilbert Lyle)在其著作《精神的概念》(*The Concept of Mind*,1949)中,嘲笑笛卡尔二元论是机器中有鬼的神话:身体是机器,心灵是住在这部机器里的鬼。

己,我总是会发现这个或那个具体概念,例如'冷'与'热'、'明'与'暗'、'爱'与'恨'、'苦'与'乐'。无论何时,若没有概念,我就根本不能思考自己;若没有概念,我也根本不能讲述任何事物。"休谟所说的"最私密地进入我所说的我自己",就是我们如今所说的"内省"。你内省时,你关注自己内心时,发现了什么?休谟说,你会发现思想、感情、情感和感觉之类的东西。我认为他说得对。你内省时能见到你正在思考、正在感觉的东西。思想、感情、情感和感觉,有时都被称为"精神状态"。因此,休谟的观点是:你绝不会见到你的头脑或自我与这种"精神状态"分离。或者换一种方式表述这个观点:你见到你的头脑或者自我的方式,就是见到它的各种状态。

我曾以为"笛卡尔状态"和"休谟状态"是跑步中两种互不相干的状态,每一种状态都很有趣,只是方式不同,理由不同而已。现在我开始认识到:有一种更全面的模式在起作用。我们可以把"笛卡尔状态"和"休谟状态"看作一个更大过程的组成部分:那个过程就是自我分解。我想起了我是怎么开始这次跑步的,那是在两个半小时多一点儿之前。当时我的自我还完完整整。我打开我的iPod nano,让它播放出适当的情绪激动的音乐,例如口水乐队的《蒙古说唱》之类的歌曲,怒对机器乐队的《以名义杀人》[①](相信

[①] 原文是 Killing in the name,有误,应为 Killing in the name of。这是美国怒对机器乐队 2008 年的名曲,荣登 2009 年英国单曲榜之冠。

我，跑完20英里后再接着跑，你就非听"去你妈的，我不会照你说的干"① 这种歌词不可），摇滚小子②的歌曲 *Bawitdaba*（现场录音版，含有大量粗话），而所有音乐中最燃烧睾酮③的音乐，也许就是贝多芬《皇帝协奏曲》④ 的第三乐章了。我的身体知觉异常灵敏，能敏锐地发现我不大灵便的小腿所有的失调——它会消失吗？它会持续吗？我的身体知觉，其实还会发现我不大灵便的身体任何一部分的所有失调。我的小腿给我的感觉意味着什么？我的阿基利斯之踵的疼痛意味着什么？我后背的这种感觉是什么意思？跑步开始时，以及在跑步的几个早期阶段中，我是身心行动合一的、不可分割的混合体。我就是斯宾诺莎想象的那种自我。

但是在笛卡尔状态中，这种提高了的身体知觉却消失了。身体已远远不是我经验世界的中心，其大部分机能已经失效——它变成了易受骗的接收器，接收一些不大可能兑现的承诺。我现在成了不诚实的精神：一个制造为了打破而制造的承诺的人。这是自我开始缩减的第一阶段。身心合一的自我变成了身心分离的自我。身体不再是我本身的一部分，不再是实质的我，它只是个工具，我用它去我想去之处。尽管如此，尽管笛卡尔的精神自称主人，但其地位仍

---

① 这是《以名义杀人》中的歌词，在曲尾重复了16遍。
② 即罗伯特·詹姆斯·里奇（Robert James Ritchie），美国饶舌歌手、作曲人、音乐制作人。*Bawitdaba* 是一首金属摇滚歌曲，发布于1998年，融合了多种乐风，曾获2000年格莱美奖提名，并被多部电影和电视剧采用。
③ 即雄性激素。
④ 即《降E大调第五钢琴协奏曲》，作品73号，作于1808—1809年。

不稳定。肌肉可能变得聪明起来，能识破主人的诡计，也可能出于其他理由不再服从主人。主人很快会变成奴隶。在本质上，笛卡尔的自我（或曰身心分离的自我）就是个困惑的自我。

休谟状态预示了自我的进一步消退。长跑的笛卡尔状态的典型表现是：非物质的自我在做长跑表演——允许符合一定条件的身体做这做那。但我进入休谟状态时，起控制作用的自我却在我眼前消散了。休谟状态里没有明显的思想，没有明显的控制者或思想者。相反，我被一些思想催眠了，它们似乎从"无"中生出、又迅速地消失于"无"。自我不再是不诚实的主人，自我的残余仅仅成了思想在空旷碧空中的跳舞，而我想到那里去找我的思想。我的头脑完全成了自我采用的临时配置。自我就是舞蹈，舞蹈后面根本没有舞者。

我现在懂得了：长跑远远不是由一些不同的、互不相连的部分或侧面构成的。我把长跑视为这样一个发展过程：从斯宾诺莎的自我①，经过笛卡尔解体的自我，逐步转为思想跳舞的休谟自我。长跑不一定会如此展开。现有的任何跑步都要么包含所有这些状态，要么全无这些状态。即使达到了休谟状态，它也会极快、极容易地消失。但跑步却可以如此展开。若是这样展开，我现在便理解了我正做的事情。随着每一种状态的先后出现，我越来越深入跑步那个跳动的中心。在其中，随着我一次次的呼吸，我所是的那个自我蒸发了。

没有 15 英里的标志牌，这令人忧虑。转到这条该死的路上之

---

① 指身心合一的自我。

后，头一英里容易得令人吃惊，几乎可说是令人愉快。这一英里当中，我当然主要受制于肾上腺的猛增，而我根本不知道会出什么事情，不知道自己能不能跑完。不过，那种肾上腺此刻早就不见了，就像那些跑过 14 英里标志牌的人根本见不到 15 英里的标志牌。我从跑到上一个标志牌开始就很累了，疼痛也开始了——腹股沟和大腿在疼。我早有准备。我掏出几片事先塞在腰带里的布洛芬①，咽下了我的第一片能量胶，一种由咖啡因和碳水化合物混合而成的胶冻。现在我知道：跑第一个 13.1 英里时，我根本没碰那四片能量胶，而是下意识地省下了它们，以备不时之需，这个事实已经很说明问题了。我的小腿若不出问题，我会试着跑完 26.2 英里，而且会达到目前这一处境：已经跑完了很长的路，还有差不多一样长的路要跑。我也知道——我必须始终把这一点牢记在心——我若想跑这么远，这段路肯定是长跑中的难点。我穿过了椰树林区②几条名不见经传的后街。我若能跑到它的市区，能看到椰林道商业区的商店，再一次看到比斯坎湾的湛蓝海水，我便知道我以后的状态可能会不错。可能吧。

这次比赛中，我经历了笛卡尔状态和休谟状态；事实上，每种状态都经历了好几次。这毫不意外，但接下来的事却完全出乎意料。我把斯宾诺莎状态、笛卡尔状态和休谟状态视为自我消解过程中几

---

① 镇痛药。
② 迈阿密的一个社区，1925 年后归属迈阿密市，东临比斯坎湾，海拔 4 米，面积 14.52 平方公里，居民 2 万人。

个连续的阶段。我曾以为，这个消解过程至多也就如此了。我曾以为，休谟状态就是这个过程的顶点。我错了。我现在达到了跑步中的一种状态，而我从未体验过。这种状态里甚至不存在任何思想。我起初大为惊诧，以至不能给它命名。但不知为什么，我几乎一向善于为如今的事物找到标签。随着这种状态的缓慢发展，我蓦然想到：最适合这种状态的标签可能是"萨特状态"，其名源自法国存在主义哲学家让-保罗·萨特（Jean-Paul Sartre）。在本质上，萨特状态是自我缩减的更高阶段。

在休谟状态中，我根本见不到思想后面的思想者。尽管如此，我还是设法靠自己识别出了这些思想。我可能不是那个舞者（或者说不再是那个舞者），但我至少仍是那个舞蹈。我仍是一个事物。这种感觉很顽固，挥之不去。但这种感觉却结束于跑步中萨特状态开始的时刻与地方。在从斯宾诺莎状态转变的过程中，经过笛卡尔状态和休谟状态，自我从身心合一开始缩减，又从心（头脑）缩减成了思想。头脑在萨特状态中进一步缩减——从思想缩减成了"无"。现在我发现自己第一次处于萨特状态，因此便看出了一点：这些思想根本就不是我的一部分。它们都是转瞬即逝的客体，不可避免地、断然地存在于我的身外，都是我身外之物。我渐渐明白了一点，就像一个微笑慢慢展现在双唇上，这个事实的含义对我完成这次比赛的能力至关重要，这些思想对我毫无权威可言，根本主宰不了我。

我越来越累，无法逃避。我已跑过了 14 英里的标志牌，可我朝前望去，还是没望见15英里的标志牌。我受伤了，疼痛还是相当微弱，但我应当冒险猜测说，情况正变得更糟。我还不想说自己在受苦，毕竟并不算受苦，但我离真正的受苦已经不远了。从某种意义上说，我想停下来，或者至少走一会儿。在某种意义上，我乐于采取其中任何一种办法。疲惫、欲望，这些就是我想停下来的理由。而现在我明白了，并非顿悟，而更像悄声的谣言慢慢变得能被人们听见：没有任何理由能使我停止用沉重的脚步继续前进，双脚一前一后，用11分钟跑完一英里。我可以添上让我停跑的所有理由，可以让这些理由结为一个有说服力的模糊团块，但它们仍然丝毫不能影响我。世上一切让我停跑的理由，跟我继续跑步仍然相容——用我的双腿，一步一步地继续跑完前面的路程。没有任何理由能使我停下来。在这个意义上，我是自由的。我想，其实这也许是我这个年纪的人对自由最纯粹的体验。

在对意识本质的经典调查中，萨特提出了一个很著名的论断。而我现在开始认为：那个论断提出后，真正理解它的人也许为数寥寥。萨特写道："一切意识……都是关于某个事物的意识。这意味着，没有一种意识不是安置在某个先验对象之上。你若愿意，也可以说意识没有'内容'。"意识没有内容，其中一无所有。意识没有内容，它只是一小团"无"，悄悄地自行进入存在的核心。我就是意识，在这个意义上，我就是全无。正因为我是"无"，我才是自由的。

"一切意识都是关于某个事物的意识。"例如，我想到"15英里的标志牌离我不会太远"时，我想到的是那个标志牌，它在空间上很可能离我很近。我若抬头望见了那个标志牌——它是一块电子标志牌，上面有"15英里"的字样，并告诉我比赛用时——我的视知觉就是那块标志牌。各种意识状态——思想、信念、记忆、知觉等等——总是对事物的意识状态，或者可以说总是关于事物的意识状态。萨特认为，这种"关于性"就是意识的本质。

但是，从来没有任何意识的对象是关于任何事物的，至少从来没有任何关于事物的意识状态。"意识的对象"这个说法仅仅意味着某个事物，我正看见它，或正想到它，或正渴望得到它，或正希望得到它，如此等等。我想到了或看见了15英里标志牌时，它就成了（萨特所说的）我意识的对象。那块15英里标志牌也许像是关于某个事物的：它涉及从起跑线跑出的距离，涉及跑完这段距离的用时。但它涉及这些，却完全是因为我们人类——在这种情况下，尤其是我们人类的跑步者——用那种方式解读了它。就其本身而言，它只是一块牌子上灯光的集合。我们的语言学和数学的惯例，都联系着某些带有数字或字母的模式——无论是灯光模式还是印刷符号模式，都是如此。正由于我们和我们的解读能力和解读惯例，标志牌上的灯光模式才有了这样的意义：我用2小时50分钟跑完了15英里——至少我真的跑到那里时，我希望它会传达这个意义。但这些灯光模式本身却毫无意义。换句话说，那块15英里标志牌涉及的，是从起跑线算起的距离和时间，但这仅仅是推理上的意义——这种意

177

义来自我们按照语言学惯例的推理。而我们的语言学惯例来自我们的意识。但是，我们的思想、信念、欲望、希望、恐惧、期冀等意识状态却与此不同。"15英里的标志牌离我不会太远"的想法，不会因为我（或其他人）把它解读为与那个标志牌及其离我很近有关，它就成了事实。思想必定涉及事物。我的其他意识状态也是如此。

萨特宣布，意识的任何对象都仅仅涉及推理意义上的事物：哪怕它涉及一丁点事物，那个事物也跟我们如何解读它有关。即使意识的对象是精神对象，也和我们如何解读它有关（这里我们真的遇到了有争议的部分）。假定我闭上了眼睛，在心中描绘出了那块15英里标志牌。我有了那块牌子的心像，或者想到了我认为它应该是的样子。我意识到了这个形象，因此用萨特的话说，它就是我意识的对象。这个形象当然看似和那块15英里标志牌有关，但事实上，它之所以和那块15英里标志牌有关，完全是因为这是我对它的解读。就其本身而言，这个形象也可能意味着与其他很多事物有关。它可以代表那块15英里标志牌。我也可以用它代表一般的标志牌。我还可以用它代表那些能展示数字的事物，那些有（灯）光的事物，那些被人们寻找的事物，如此等等。大体上说，此类形象可以表示不确定数量的事物中的任何一个。要确定这个形象的意义，要使它成为这个事物而不是其他事物，就必须解读它。这意味着：这个形象本身与任何事物无关。其"关于性"的存在，仅仅与解读它的意识有关。意识的一切对象，我们能意识到的一切事物，哪怕想让它们表示起码的事物，也都必须对它们进行解读。因此，它们自身都无关于任何事物。

意识自身就涉及事物。意识的任何对象——物质和精神的对象——其本身都跟任何事物无关。因此萨特总结说，意识的任何对象都不可能是意识的一部分。应当记住："意识的对象"这个表述仅仅意味着"我意识到的某种事物"。因此萨特若是正确的，我已经意识到的一切便都不可能是我意识的一部分。而由于我就是意识，这就意味着：我已经意识到的一切都不可能是我的一部分。它只是"为了"我而存在的对象，是我可以用这种或那种方式解读的事物，而不可能是我本身的一部分。

不妨把萨特的观点看作一种挑战：他想指向意识，指向意识里的某种东西。当你说"它就在这儿！"，例如，你心中指向了一种思想、体验、感情或感觉，它就变成了你意识的对象；而萨特若是正确的，那个对象便绝不是你意识的一部分，因此也绝不是你的一部分。整个世界都在你身外，因为世界只是你意识到的事物的集合，或至少是你能意识到的事物的集合（前提是你能恰当地运用你的注意力）。因此，意识绝不可能是事物。所以萨特做出结论说，意识只是一种对世界纯粹的定向性，就像他指出的，意识只是一股"吹向世界的风"。意识不是别的，而只是对非物的定向。从这个视点看，笛卡尔错在想把意识看作一种物——尽管是一种特殊的物，一种非物质的物，一种精神实体。意识其实是"无物"。意识是"无"。休谟错在想把思想、感情和我意识到的其他精神状态看作我的一部分。它们不是我的一部分：它们在我身外，外在于我，不可削减。

*

我必须停跑的一切理由都根本影响不了我，因为它们不是我的一部分。它们不是我的一部分，因为我意识到了它们。因为我意识到了它们，它们本身就跟任何事物无关。它们的意义不是它们固有的。它们的意义无论是什么，都是我必须指定给它们的。这种指定就是我的选择。这就是萨特早期的（也是最佳的）巨著《存在与虚无》(Being and Nothingness)的论证核心。这部600页的著作只是在力图阐明"意识是空的"这个思想的含义：意识里空空如也，意识没有内容。我从未像今天这样理解过萨特，在今天这焦虑的、可恶的几分钟里，我仔细地望着远处的路，寻找那块15英里标志牌。

理由是我意识到的东西。我若意识不到，它便不是理由，而是另外一种东西——原因。但我若意识到了理由，它便不是我的一部分。理由是我意识到的东西，可以表示任何事物。要使理由表示这个事物而不是其他事物，我就必须对它做出解释。这意味着：任何理由都不能迫使我去做一件事情而不是别的事情。我行动的理由无论是什么，都涉及理由的含义。此外，由于理由就是我意识到的东西，其意义就必须由我来确定。因此，我意识到的理由与我的行动之间便总是存在差距。自由就存在于这个差距中。就我的理由不能强迫我的行动而言，我是自由的。因此今天，就在14英里之后的某个地方，我第一次正确地理解了理由与行动之间的差距。总是存在差距，我的每一个理由与我做出的每一个行动之间，总是如此，但也许唯有在这次艰难的长跑中，这个深奥的逻辑观点才得到了生动经验的确证。

这次长跑余下的路程里，我跑出的每一步都是一个选择。选择可以基于种种理由，但我现在懂得了：不曾有任何理由强迫我做出选择。理由与其后的选择之间总是存在差距。在长跑中，在我跑出的每一步里，我都可以做出选择：再跑一步，或者停下来。唯一不可选择的是要不要做出这个选择，没有任何理由能以这种或那种方式强迫我。在 12.8 英里的标记那里，我决定继续跑，力争跑完全程马拉松，我也有些很充分的理由去跑完这个比赛。但是，每跑出新的一步都需要重新确定我的选择。我在这次长跑中跑出的每一步，我的种种欲望和决定都可能意义不同。我也许应当把它们看作彻底的束缚，也许应当仅仅把它们视为前一个小时的奇想，而现在抛弃它们。它们是什么，应当怎样解释它们，都是我的选择。任何东西都不能迫使我选择这个而不选择那个。我脑子里闪过了一个往日的记忆，那就是艾伦·西利托①的短篇小说《长跑运动员的孤独》(*The Loneliness of the Long Distance Runner*)。小说里的反面英雄柯林·史密斯跑赢了，却在离终点线几码的地方走了起来。此举让

---

① 英国工人作家，20 世纪 50 年代英国文坛"愤怒的一代"作家之一。《长跑运动员的孤独》是他 1959 年的作品，为同名短篇小说集中的一篇，写出身贫困工人家庭的少年史密斯成为长跑运动员却被当权者利用的故事。

他厌恶。但由于我知道了萨特的这种理解,我就对被这种消极性阻止的情绪远不那么赞同。史密斯选择了停下来,因为没有任何理由迫使他继续跑。而我关心的一点,却在与之相反的方向:没有任何理由迫使我停跑,毫无理由。我若停下来,是因为我选择了停跑。我若停下来,将是因为我已允许某个理由欺骗我——让我相信那个理由比它实际上更有说服力。

我从眼角瞥见了那块 15 英里标志牌。唉,不是 15 英里!我显然错过了 15 英里标志牌——你完全沉浸于新萨特主义①的沉思时,便会出现这种情况。16 英里,只要再跑 10 英里就到了——这用不了两个小时,我能做到。萨特用"痛苦"这个词描述一个人对自己的自由的体验。任何理由都不能决定我的行动,我理解了这一点时,萨特说,我便会体验到痛苦。我绝不会这么称谓那种体验。我就是没见到 16 英里标志牌,也不会说自己痛苦。我知道了任何理由都不能使我停跑时,我感到的是欢乐。欢乐,它是最可靠的表征,表明我感到了人生中具备固有价值的东西自动呈现了出来。在自由中继续跑,跑在理由与行动间的差距的自由中——人生在世,这是本身就有价值的存在方式之一。跑在这样的自由里,就是跑在欢乐里。

我现在开始认为:萨特的自由观也许被大大误解了。一些人认为他言不及实,他们说萨特所说的都是在描述对自由的体验,自由

---

① 指第二次世界大战后的法国存在主义哲学,区别于萨特以前的丹麦和德国的存在主义哲学。

是什么感觉；另一些人认为他言过其实，他们说萨特是在宣布我们的自由是无限的，我们有绝对意义上的自由，任何外部因素、任何环境都不能束缚或限制我们的行动。这是个愚蠢的观点，但我并不完全确定萨特不会持这个观点。按照萨特的理论，我们拥有的自由的含义是：任何理由都不能强迫我们。对我们来说，理由决定不了任何事情。这不是简单地感觉到了自由，我的确拥有这个意义上的自由。但这当然不意味着任何东西都不能使我停跑。世上不但有种种理由，而且有种种原因。理由也许决定不了任何事情，但原因一定能够如此。

理由和原因之别通常都容易理解，但有时难以做出起码的精确描述。基本的概念是：理由是我们拥有的，原因是我们遇到的。我今天跑步，显然是因为我想试跑一次马拉松——这个需要或欲望是我自由的一部分。我还必须联想到一些相关信念。例如，我必须相信今天是马拉松比赛日，相信我此刻正跑在马拉松比赛的路线上。我若不相信这些事情，就不能仅凭我想跑马拉松的简单欲望，去解释我此刻为什么跑在这个地方。思考理由的一种常见方式，就是把理由看作"欲望加信念"的总合。这个总合解释了我为什么正在跑。不妨用一个与它大不相同的解释与它对立：我在跑是因为有人把我拴在了汽车的后面，他正开车跑在马拉松比赛的路线上，时间就在今天，车速大致为每小时 5.5 英里，我被拖在车后。这也许是我跑的一个原因，这个原因不是我拥有的，而是我遇到的。人们常把理由看作原因的一种,理由是我们拥有的原因,不是我们仅仅遇到的原因。萨特指出:我是自由的,但其含义是我的理由不能强迫我。这当然与一个思想相容:原因(我遇到的那些原因,不是我拥有的那些原因)能强迫我。它们显然能强迫我,事实上,它们不但能强迫我,而且能压垮我。

意识里一无所有;它是空无,是吹向世界的一股风。意识很像存在当中的洞。但是,洞本身不能存在。一个洞由其边缘界定,那些边缘就是洞的一部分。因此唯有存在不是洞的东西,洞才能存在。意识也是如此。唯有存在不是意识的东西,意识才能存在。在萨特看来,意识其实是由它与不是意识的东西的关系界定的。萨特常常这样表述这个观点(也许无助于说清问题,但他毕竟是巴黎人):我是我所不是,我不是我所是。假定我意识到了我所是的那些事物,或者说意识到了我所认为我所是的那些事物。我是一个48岁的男人,是丈夫,是两个孩子的父亲;我是哲学教授;我出生于威尔士,现为迈阿密居民;我是个能力一般的跑步者;我极为缺乏跑步训练。这些情况对我都是真的,我认为我就是所有这些事物。但萨特指出,我其实不是其中任何一种事物。更准确地说,我是决定这些事物意义的事物,是这些事物包含的意义。萨特认为,真正的我一定会避开此类特性描述,避开可能适用于我的其他描述。真正的我一定会避开我用于思考自己的方式,因此不能用那些方式描述我。萨特所说的"我不是我所是",就是这个意思。但还有一种清楚的感觉:我若不是一个48岁的经常跑步的哲学教授，不是两个孩子的父亲，不是出生在威尔士、现为迈阿密居民，那么从一种意义上说，我便不是这些事物。这种"不是"的意义与另一种"不是"大不相同，例如我不是盲人蓝调吉他手，或不是某跨国公司的女首席执行官。不是"48岁、经常跑步、教哲学、两个孩子的父亲，出生于威尔士、现居迈阿密"，这是对我的界定。但是我没能成为此外的任何一种事物，却不是对我的界定。萨特认为：我"不是我所是"，可以界定我；我"不是我所不是"，则不能界定我。萨特说的"我是我所不是"，就是这个意思。

"不是我所是"，这是对我的界定。作为意识，我就是"无"。但"无"只能作为与某个事物的关系而存在。我所不是的某种事物，被萨特称为我的"真实处境"。真实处境相当于洞的边缘，其本身不是洞，但没有它，洞就不可能存在。我不是我的真实处境，但我只有与真实处境相连才能存在。真实处境时刻都在变化。大致来说，我目前的真实处境，就是我所发现的我目前的处境。我目前的处境是我正在跑马拉松，或者至少可以说是在试跑马拉松。我对跑马拉松没有天生的热情。我一直没做太多的训练，我的训练其实进行得很差。此外，还有我这个身体的"真实处境"，我带进这个环境的身体行囊。这个身体已经48岁了。它昼夜不停地工作。它有历史。它还有某些不光彩的成分，都具有我们所说的"形式"。我就是分布在人的薄薄伪装上的一堆损伤、伤痕和弱点。我即便没有如此关注我的小腿，也会为其他许多事情担忧。

例如，这个身体里有我患了关节炎的膝盖。还有我正在衰弱的脊背，在长跑过程中，它有时会痉挛，而这就是我近来总是随身带着手机的理由之一。还有我那个阿基里斯之踵，我几乎一直都在抱怨它。我差不多能断定：它就是一颗定时器已经启动了的炸弹。还有我最近撕裂了肌肉的小腿。因此，我连参加马拉松赛跑最起码的身体条件都不具备。正是我的真实处境，解释了我今天为什么没打算跑完26.2英里。我也许不是我的真实处境，但因此界定了我的，却正是我的真实处境，而不是其他某个人的真实处境。我不是马克·罗兰兹：48岁，没有长跑天赋，训练很差，体重超标，小腿、膝盖、阿基里斯之踵和脊背都有问题。我的真实处境既很可笑又欠火候。我宁愿具有更年轻、体重更少者的真实处境，或具有以四个月毫无瑕疵的训练为后盾者的真实处境。但事情却没有这样发展。

置身于这种真实处境中，长跑时感到的疼痛就完全是正常现象，也是我通常试着去忽略而不是去注意的事情。一些人把疼痛视为警告。但疼痛是我真实处境的一部分。若是每次一觉得疼痛就停跑，我就绝不会完成一次跑步。现在，我快要跑到19英里标志牌了。在刚跑完的两英里中，我的小腿一直在抽筋。我没有受伤的右小腿一定在最激烈地抱怨我。我想我准是无意中偏袒了我的左小腿。与其说我在跑马拉松，不如说我是一直在一瘸一拐地跑，这实在太难以置信了。奇怪的是，我并不太担心右小腿，尽管这也许完全是因为我太累了，以至不能现实地评估它的状况。我告诉自己，小腿这种较小的肌肉产生的抽筋，可以用拉长肌肉的办法克服。况且，每跑一英里左右就用力拉长小腿肌肉，这个窍门到现在为止还算管用。我又对自己说，即使右小腿也像左小腿在几个月前那样出了问题，我还是能跛着跑完最后的七英里，到达终点线——虽说我一生中从未在任何地方跛着跑过七英里，虽说我几乎没把握跑完。

跑过19英里标志牌没有多久，我的腿筋开始明显地抽紧，但我又一次有效地把它拉直了。那一刻前后，我看见了一些参加五小时配速跑的人，深受鼓舞。从我继续跑全程马拉松那一刻起，我一直没看到他们。我快跑到20英里标志牌时，他们从我身边跑了过去。我没理会腿上那几块抽筋受伤的肌肉，跟在他们后面，坚持跑下去。两个月前，我若跑了五个小时就一定会累垮。今天，我会把被累垮看作耻辱。

正是在那块20英里标志牌附近，当时我正在瑞肯贝克堤道上，抽筋才真正剧烈了起来。这次抽筋的是一组大肌肉——股四头肌[①]，双腿的股四头肌都在抽筋。要把它们拉长，就难得多了，其部分原因是我太累了，每次单腿站立、拉长股四头肌时都会摔倒。但是，即使我尽量保持了至少几秒钟的直立，也似乎并没解决股四头肌的抽筋问题。股四头肌抽筋，比小腿肌肉抽筋更值得担忧。小腿肌肉抽筋时，我还可以跛行回家，但股四头肌这样的肌肉组抽筋，升级

---

① 大腿前侧的肌肉群。

为痉挛时，我就会像一堆砖头那样坍下来。我想我不会马上就站立起来。虽然我这时离终点线只有三英里，但我认为最好是离它300英里。我尽力解决这个问题：我拉长了那些肌肉，然后尽量快跑，直到觉得它们开始痉挛，再把它们拉长一些。

你忍着疼痛奔跑时，你就是跑在自由的边陲上。你仍然属于理由之地，但原因之地的标志线正在危险地诱引着你。我完成上一次长跑是在12月初，当时我的一个膝盖突然犯了关节炎。我忘了是哪个膝盖，只记得我跑大约前八英里时确实很不舒服，但这种不适感后来似乎自动消失了。我认为，今天我股四头肌的疼痛大大轻于我膝盖的疼痛。但上一次长跑时，我并没受到理由与原因之间边陲的诱引。这就是两次长跑的不同之处。

我膝部的疼痛是停跑的一个理由。但它永远不会变成任何比理由多的东西：任何理由都不能强迫我。我膝部的疼痛可以应付，不会变得更糟，我的膝盖也不会失灵。我股四头肌的疼痛则与此大不相同。它完全会造成各种可能性：它跟现在出现的情况（即疼痛的严重程度）几乎毫无关系，却跟片刻之后可能出现的情况大有关系。

假定我不知为什么知道这种疼痛不会导致任何更严重的抽筋，即那种会使我像中了枪一样倒在柏油路上的抽筋。我怎么知道这个的，其实无关紧要。例如，我可以想象有一位非常仁慈的上帝，对我在这次比赛中的命运很感兴趣，在瑞肯贝克堤道上在我面前显身。上帝告诉我：好啦，马克，你的疼痛只是疼痛而已，完全不会变得更糟。你股四头肌的痉挛也不会变得比现在更厉害。你不必担心自己瘫倒在地上。继续做你正在做的事情，你就会完成这次比赛。我若知道了这些，会继续跑下去吗？会，毫无疑问。这场比赛不会完全是快乐的，但它却是可以忍受下来的。

自由的边陲是影子之地，构成它的不是具体的事物，无法确知它们是什么，而是那些可能变成的事物的影子。我带着这种疼痛跑步时，就是跑在这片边陲上——沿着分开理由与原因的那条线跑。疼痛（当然是这种中度疼痛）是一种理由，绝不会使我停跑。但这种特殊的疼痛却是一个特别的理由，它意味着很快就会出现一个能压垮我的原因。两个月前我膝部的疼痛根本不属于这种疼痛，即使它意味着即将出现更严重的情况。它就是疼痛而已，它意味着不会很快出现什么事情。面对今天的疼痛，我必须继续向前冲，坚持跑下去，坚持到最后一秒钟，即出现变化的前一秒钟——到那个时刻，我具有的一个理由会变为我遇到的一个原因。我必须继续向前冲，冲向原因之地的那片边陲。我绝不半途而废。

8. 众神、哲学家、运动员

2011 年

　　跑，拉伸肌肉，再跑，再拉伸肌肉，别无选择时就走一段，沿着自由的边陲，跑完了从瑞肯贝克堤道到海滨公园的最后三英里。这就是一个上了年纪的哲学家、没有天赋的跑步者完成他第一次马拉松赛跑的过程。这是我进入跑步心跳之旅中最深的一次。在理由与行动之间的差距中，萨特发现了痛苦，我却发现了欢乐——我见到了固有价值体验采取的更出人意料的形式之一。也许有一天，我会进入得更深，只要还有更深。跨过终点线时，我想，这就是终点线吗？我现在可以停下来吗？接着会有人把一枚亮闪闪的奖牌挂在我脖子上。我认为我也许能得到它。我跨过终点线时，若有某个更恰当的获胜之念取代那些烦恼，进入我的头脑，那就太好了。但我想，我的用时绝不会是 5 小时 15 分 23 秒左右，或者不会是 5 小时 8 分 44 秒的芯片时间（由于参赛者人数众多，开发令枪的时间与我实际越过起跑线的时间之间有一段延迟。我的比赛号码布装有比赛组织方给的一块小芯片，能记录我跨过起跑线之后的用时。这个用时就叫作"芯片时间"）。我的股四头肌抽筋的问题，使我在跑最后三英里时多用了大约 15 分钟。那段时间的确悲惨，若在几个月前，我会化作一团怨愤的烈火。但今天——真实处境就是如此——我可远远不是不高兴。

刚刚过去的几个小时，这跑完的 26 英里又 385 码，有意义吗？它真有价值吗？它很美，但没有意义。它位于人生的意义和目的停止之处，在此你会发现事物"值得"。我们生活在一个功利主义时代，我们往往把每一种事物的价值都看作其目的的功能。能代表我们这个时代基本特征的问题是：能用它做什么？说某个事物"毫无用处"就等于说它毫无价值。正如马丁·海德格尔指出的，这就是我们的"座架"，即我们的"装框"①，它要求我们以一种特定方式看待生活中的价值。生活中若有某件事情值得去做，那一定是为了其他某件事情。跑步——无论是跑马拉松还是绕着街区慢跑——若值得去做，那一定是因为它能促进健康，能增加满足感，能增加它造就的自我价值，能缓解压力，能带来社交机会。一种活动只要具备

---

① 原文为 Gestell，德语，又译作"框架""集置"。海德格尔在其论文《关于技术的问题》（*Die Frage nach der Technik*，1949）中用于论述现代技术本质的概念。他指出，现代技术的本质就是"装框"活动，因此现代技术就是一个"座架"；技术是人类的一种生存方式，不是达到某些目的手段；出现在世界上的一切都必须先被"装框"（即采取一种存在方式），才能被人们看到和理解。据此，他还认为世界也被"装框"，作为"储备资源"。

起码的价值，就一定对某件事情有用。而其中包含的假设，我们给"座架"下定义时固定在其中的假设是：这个事物是某个其他的事物——活动之外的事物。

我每天都会看见这种态度造成的结果，例如有些学生对我说："我真的希望学习哲学、文学和语言，可我父母告诉我，必须去做明智的事、有用的事——能让我日后找到一份工作的事。"因此，他们年轻的人生便被纳入了他们从未真心想要的进程。他们为了报酬而工作，他们在生活中找到的任何满足，也许都不得不在别的地方才会找到。换一个时间，换一种"座架"，他们的父母也许会说："去找被你看作游戏的事，去找你为了事情本身而做的事，再去找肯为你做的事付钱的人。但是无论挣了多少钱，你都一定要尽力保证你一直都是为了事情本身，不是为了钱而做；要尽力保证你做事永远都是在游戏，而不是在工作。"我希望我能对我的孩子们说出这番话。

我们思考价值的这种方式带来的另一个结果同样有害，尽管害处也许不那么明显：它使我们不能理解人生的价值或意义。法国存在主义哲学家阿尔贝·加缪（Albert Camus）在他的《西绪弗斯神话》（*The Myth of Sisyphus*）中写道："杀死你自己等于坦白。自杀就是承认人生对你太沉重了……自杀完全是承认人生'是个不值得的麻烦'。"从这个角度（我认为它很有启发性）说，寻找人生意义，就是寻找使人生成为一个"值得的麻烦"的事情。"人生中任何事物的价值都一定在于其意义或目的"，这个思想不可能使人们找到人生的意义——至少，它不可能使人们找到一种方法，去理解通常意义上的目的。欲知为何如此，可以看看以下这段引自海德格尔著作的话，具有其典型的晦涩风格：

> 当一个使用物已最接近其存在，那个存在便涉及此物……例如，此物是"上手者"，因此我们称它为"锤子"，它涉及锤击，锤击涉及使某物牢固，使某物牢固涉及保护该物、使之不受坏天气影响，这种保护"就是"为了给"存在"① 提供掩蔽，换言之，就是为了给"存在"的存在提供一种可能性……但这一连串"涉及"本身的总体，最终却回到了"何所指"，其中不存在任何进一步的"涉及"……最初的"何所指"就是"何所由"，但"何所由"总是包含着"存在"的存在。

这段话引自《存在与时间》(*Being and Time*)一书，发表于1927年。同年，施利克发表了短文《论人生的意义》(*On the Meaning of Life*)。虽然这两篇文章明显不同——施利克的易读，海德格尔却似乎以不必要的晦涩为大乐事——但它们的兴趣却重合在了一点上：假

---

① 原文为dasein，德语，其字面意义为"存在于彼"或"在场"。亦可按照下文的解释，将这个术语理解为"人的存在"。它是海德格尔存在主义哲学的基本概念之一，指人类独有的对存在的体验，即意识到人格和死亡，意识到一个人的两难处境：与其他人共同生存在世界上，但在本质上又是孤独的。此段引文涉及海德格尔存在主义哲学的一些基本概念，限于篇幅，不能在此详解，有兴趣的读者可参阅原著或其译本。

设某个事物只有具备目的才有价值。其实，海德格尔已经向我们表明了这些目的导向何处。"存在"是他用来表示人类的术语，更准确地说，它表示人类具有的那种存在。人类从工具网络的角度观察世界，而最终结合在这个网络中的目的，则全都反过来指向我们，即"存在"。一个人用锤子钉钉子，以加固某个东西，使房子更安全，使之不受风暴侵害……使"存在"存活。价值来自目的，又是目的的终点。因此我们若拿起这个模式，将它清空，又想找出人生的意义，便会发现自己陷入了同义反复。人生的意义是什么？是什么使人生成为"值得的麻烦"？我们将发现，唯一的答案就是"人生"。

任何具有其自身之外的目的事物，都不能使人生成为"值得的麻烦"，因为你若跟随那个目的，到达其逻辑的结论，便只会发现更多的人生。在我看来，有一条路能走出这个同义反复的循环圈：找出一些活动，而目的链就结束于那些活动。我们若想找到人生价值，而某种事物有可能成为人生意义或人生意义之一，那我们就必须寻找那些无目的的事物。换一种说法，一个事物要成为人生中真正重要的东西，其必要条件就是它不具备外在于它的目的，即它对其他任何事物都没有用处。在这个意义上，无价值性就是真正价值的必要条件。一个事物的价值若与它对其他某个事物的有用性相关，它就会成为那个作为价值所在地的"其他某个事物"。

因此正如摩里兹·施利克早我多年做出的类似结论，我们若想找到人生中有价值的东西，就必须寻找那些自带目的（因此也自带价值）的事物。何况，这些事物是什么也十分清楚（指出这一点的也是施利克）。我们为其自身而做，因此才有了有价值的事情，就是一切形式的游戏。至少对成年人来说，跑步是现有最古老、最简单的游戏形式。我们跑步可能出于多种目的，其中大多是工具性的，它们只构成了工具性价值的基础。但跑步的真正价值却超越了这种工具性价值，其自身就使跑步成了"值得的麻烦"。跑步的目的和价值是跑步固有的。跑步的目的和价值就是跑步。跑步是生活中目的或意义的停止处之一。作为这样的事物，跑步就是能使人生成为"值得的麻烦"的事物之一。

给了我们马拉松的地方，也给了我们哲学。那个地方就是公元前4世纪和5世纪的雅典城邦。欲理解古代雅典人，至少必须理解三个事物：他们的众神、他们的哲学家以及他们的运动员。诚然，这个时期的雅典人已不再能使自己相信他们的众神，就像如今我们大多数人不再能使自己相信《创世记》中的上帝一样。但古雅典人仍然记得那些故事，就像记得关于创世和人类堕落的那些故事，那种故事就是他们的记忆形而上的真实，而不是字面的真实，这很重要。

莎士比亚最令人难忘的词句，出自葛罗斯特伯爵之口，是他被李尔王的女儿里根弄瞎双目后不久说的："众神主宰着我们的命运，就像顽童捉到飞虫那样，为了他们的娱乐而杀害我们。"[①] 在古希腊

---

① 见莎士比亚悲剧《李尔王》(*King Lear*) 第四幕第一场。此处的"葛罗斯特伯爵"的原文"Duke of Gloucester"有误，它在原著中是"Earl of Gloucester"。

人看来，众神与他们的娱乐有紧密的关联。其种种理由远非偶然。18 世纪德国哲学家、历史学家、诗人、剧作家弗里德里希·席勒（Friedrich Schiller）在他的《审美教育书简》（*Letters on the Aesthetic Education*）中写道：

> 终于可以这样说：因为只有当人在充分意义上是人的时候，才做游戏；人只有做游戏时才是完整的人。这个命题乍看上去似乎不合情理，但我们若将它运用于责任与命运这两种严肃之事，它就获得了重大而深刻的意义。我向你保证，它将支撑起审美艺术和更困难的生活艺术的整个大厦。但只有在科学中这个命题才出人意料；在艺术中，在艺术的最优秀代表——希腊人的感情里，这个命题早就存在并发挥了作用。只是他们将本应在人间实现的东西移到了奥林匹斯山上。在这个命题指引下，他们使世人脸颊上因辛苦劳作而生出的皱纹和空洞面孔上的轻浮笑容，都从神圣众神的额头上消失了。他们将这些永远快乐的神从每一种目的、每一种责任、每一种忧虑的束缚中解放了出来，让闲散和漫不经心成了神性不可或缺的成分，而神性只是对最自由、最崇高的存在状态更人性的称谓。①

要理解这段文字的意义，你不一定非相信奥林匹斯山众神不可，这就像要理解《创世记》、上帝或众神的意义，你不一定非相信《旧

---

① 引自席勒《审美教育书简》第 15 封信，译者根据本书引文翻译。

约》里的上帝不可——那些都是形而上的娱乐。在这两种情况下，重要的都是故事所表达的意义，而不是表达故事所用的语言。这段文字包含了一个重要的事实，但也包含了一个同样重要的错误。

首先，其中包含了一个事实。希腊人"将本应在人间实现的东西移到了奥林匹斯山上"。神的生活代表了理想的人生应有的样子，那是"最自由、最崇高的"的人生。理想的人生摆脱了"每一个目的、每一种责任、每一种忧虑"。要填满这样的人生，一个人该怎么做？将今生用于工作，你就不得不当一个发了疯的神。你能通过工作获得任何东西，你如今可以通过你几根神圣手指的敲击电脑键盘，去获得任何东西。众神不工作——他们做游戏。他们是不死的——他们还想做别的什么吗？

好吧，假设众神突然想到了性。众神永远不死，又摆脱了一切目的、责任和忧虑，他们一定会将大量时间用于性事吗？众所周知，众神并不反对彼此的性邂逅，也不反对邂逅凡人。但即使是这些事情，也往往被他们变成了游戏。我们不妨假定，主神宙斯的目光落在了某个凡间美女身上，例如阿尔克墨涅、安提俄珀、达那厄、迪亚、伊莱雅、欧罗巴、欧里墨杜萨（弗提亚国公主）、卡利斯托、卡吕刻（厄利斯王后）、卡西俄珀亚（埃塞俄比亚王后）、拉弥亚、拉俄达弥亚、勒达、林斯索娥、尼俄柏、奥林匹亚（迈锡尼公主）、潘多拉、普罗托戈尼亚、皮拉、弗提亚、塞墨勒和忒伊亚（希腊帕纳斯山的水仙女）。宙斯有大量的时间，其目光频频被美女吸引。作为众神中最强大的神，他具备了一些有利条件，也有一些不利条件。宙斯体验不到追逐异性的战栗，体验不到揣摩"她愿意/她不愿意"的种种变换。诚然，只要宙斯做了决定，那女子便会愿意，因为宙斯是众神中最强大的，她最终别无选择。结果，宙斯便把他的许多性邂逅变成了游戏。他伪装成阿尔克墨涅的丈夫，去引诱她。他化身萨堤（半人半羊的森林之神），去引诱安提俄珀。对欧罗巴，他化作了公牛——虽说那个游戏几乎不能算是引诱①。他化身为同在奥林匹斯山的阿尔忒弥斯（宙斯的女儿），去引诱卡利斯托。他化身天鹅，去引诱勒达。最独特的是他化身蚂蚁使欧里墨杜萨怀了孕。她给宙斯生了一个儿子，取名迈密登——"蚁人"。宙斯在他的引诱、征服或（据称的）强奸过程中，很喜欢用低效的手段去获取他想要的目标。他情愿把事情变得使他难办。正如伯纳德·舒茨所说，宙斯以游戏的态度去实现他那些先游戏目标。宙斯喜欢游戏，其理由很清楚：你若拿走了游戏，宙斯的性邂逅中所剩的便只有胯下快感了。我想，这种快感也许不该拒绝，但它不能成为一位神的不朽存在的基石。

其次，席勒的这段话里有一个错误。宙斯是个不讲道德的怪物，总的来说，奥林匹斯山众神也都是如此。席勒这段话中的错误是：假定工作的人生之外的另一种人生是"闲散和漫不经心"的。做游

---

① 据古希腊神话，宙斯化身为公牛，将腓尼基公主欧罗巴劫夺到了爱琴海的克里特岛。

戏当然是闲散的。但宙斯与别人交往时，却并没表现出明显的漫不经心。他的道德过失全都源于一种"不能"（也许是"不愿"），就是不能在一切存在固有价值的地方看出固有价值。宙斯认为能在游戏中找到固有价值。凡人只有担任了宙斯的游戏中的角色才有价值。宙斯显然也在一些瞬间认为凡人并不只是些角色，也许在他看来，这些瞬间很短暂，也很可怕。在这些时刻，他会想尽办法保护一位凡人配偶。但总的来说，凡人只是人质而已，他们只具备工具性价值。

今天，我们似乎已走上了一条大不相同的道路，陷入了一个道德沟壑，奥林匹斯山众神会发现连想理解它都很困难。我们欣然承认凡胎人类具备固有价值。我们这么做当然绝对正确。一些人（我就是其中之一）认为应把这种承认扩大到一些非人类凡胎，但个体的人却是固有价值最明显的所在之处。作为西方道德体系和政治制度基础的基本假设是：人人生来平等；人人具备同等的价值，这个价值是人们固有的。不应把人当成游戏中的人质，不应仅仅把人当成达到目的的手段。正如18世纪德国哲学家伊曼纽尔·康德（Immanuel Kant）指出的：人就是"目的本身"。另一方面，游戏通常都会被看作人生中相对不太重要的方面。当然，人们应当在生活中抽出一些时间去做游戏，但不能过分游戏，并且只有一个人已经满足了生活中更重要、更紧迫的要求时，才能去做游戏。这不仅是由于工业社会和后工业社会生活的不确定性（对我们大多数人来说，要在这些社会里生存就必须工作），这种态度还有更深刻的根源。努力工作能使人获得合理的赞扬。游戏只是一个人做的事情。一生都做游戏（条件是一个人足够幸运，一生都不必工作）则会招致非难。我们常说：一生都做游戏的人"永远都长不大"——此话包含着侮辱的意味。努力工作是有益的、高尚的。游戏只是娱乐。在道德上，我们无疑优越于奥林匹斯山众神。不过，我们同时也忘记了古希腊人懂得的某种东西，就像我们渐渐忘记了自己儿时懂得的东西那样。古希腊人知道，我们会在乌托邦（理想国）里做游戏。在乌托邦里，正是游戏补偿了人生，使人生成了"值得的麻烦"。但精确描绘出来的乌托邦，却是人们能过的最佳生活。看来，我们必须做出这样的结论：古希腊人将游戏视为人们能过的最佳生活的基本成分。人生中具备固有价值的，正是游戏，不是工作，因此使人生成为"值得的麻烦"的，也正是游戏，不是工作。

柏拉图是公元前4世纪上半叶雅典最杰出的哲学家，也可说是历史上最伟大的哲学家。阿尔弗雷德·怀特海（Alfred North Whitehead）① 说过："西方哲学传统最无可争辩的总体特征是：它是由对柏拉图的一系列注释构成的。"柏拉图围绕着他所说的"形式"② 构建了他的全部哲学体系。某个事物的形式就是该事物的本质，即它实际上是什么。我们今天谈论某个人跑步的形式，就是

---

① 英国哲学家、数学家。
② 原文为 eidos，来自希腊语动词 idein（看见），被译为 idea（理念）。柏拉图所说的"形式"指的就是理念。他认为理念世界独立于人的意识之外，现实世界是理念世界的摹本。朱光潜先生将 idea 一词译为"理式"，以区别于人的意识。

谈论他的技术。这是柏拉图哲学的回声：你的形式越好，你就越接近完美的跑步者。在稍微不同的意义上，我们可以把一个运动员描述为具有好的或不好的形式，或者说他状态良好（in form）或状态不好（out of form）。柏拉图和我们如今使用的语言大大有关。我即使在状态良好的日子里，也离长跑运动员的形式很远。举两个明显的例子，埃塞俄比亚长跑运动员海尔·加布雷塞拉西（Haile Gebrselassie）和凯内尼萨·贝克勒（Kenenisa Bekele）都远远比我更接近长跑者的形式。的确，在一切在世者和不在世者当中，这两人比其他任何人都更接近长跑者的形式。但柏拉图也许会说，连加布雷塞拉西和贝克勒都不完美。物质世界中的一切都不完美。使任何人成为长跑运动员的，是他们与长跑者形式的相似性，或用柏拉图常说的话说，是他们对长跑者形式的分享。他们作为长跑者的地位，依赖于他们与长跑者形式之间的关系。但形式就是形式，其地位不依赖于任何事物。这是更普遍的事实。我们这个世界存在的一切之所以是其本身，完全是因为它与一种或多种形式之间存在某种关联。我是人，因为我与人的形式之间存在（不完美的）相似性；雨果是狗，因为它与狗的形式之间存在相似性，如此等等。但绝不存在逆向的依赖性：那些形式的存在，并不依赖于那些作为其例证的事物。

柏拉图指出，最重要、最真实的形式是"善"的形式，即善的理念。一切善的事物，行动、规则、人、机构等等，之所以被称为"善"，是因为它们相似于"善"或分享了"善"。因此，这些事物的善都依赖于善的理念。它们都是这样一种意义上的善：它们与外在于它们的某种事物之间存在着恰当的关联。但"善"就是善本身。总之，按照柏拉图的说法，每一个事物都有形式。这些形式都是人类无法感知的非物质领域的事物，它们在这个领域里构成了一座现实之外的金字塔。位于金字塔顶端的是"善"的形式，它是最真实、最有价值的事物。

我几乎不相信这个说法。一个由各种本质构成的非物质世界，那些本质构成了一座真实性和价值逐步增加的金字塔：我对这些说法的相信程度，就像相信奥林匹斯山众神、相信《创世记》关于上帝的说法一样，即几乎不相信。哲学是一门相当奇特的学科，其中连最伟大的哲学家（至少可能是）都免不了在几乎一切问题上犯错——我认为柏拉图在几乎一切问题上都错了。有的时候，当我们发现了某个事物，一个我们直觉地、本能地感觉到的思想就真的非常重要，而我们往往还没弄清它，就给它穿上了形而上学的外衣，那件外衣太奢侈了，绝不只是个小小的假话。宗教（无论是奥林匹斯山的宗教，还是犹太教与基督教）也许就是关于这一点的最明显例证。但是，柏拉图却绝无这种基本的人类倾向。在所有这些情况下（宗教的或形而上学的），重要的都不是教义的词句，而是它说明的道理。人们会发现，从那些假话的字里行间会悄然地出现某种重要的、真实的东西。

柏拉图所说的"善"的形式就是善本身。剥掉它形而上学的冗余，柏拉图所说的善，就是因其自身而不是因其他任何事物而有价值的善。换言之，柏拉图所说的善是固有的价值。不存在形式的世界，至少我怀疑这个说法，但存在固有的价值。在现实世界中，而不是在另一个世界中，可以找到固有的价值；在我们的人生中，在我们在各自人生中所做的事情里，可以找到固有的价值。今生唯一值得去做的就是热爱善，不是把善理解为另一世界中的形式，而是理解为那些自身就有价值的事物。工具——只因它们可能带给你其他某个事物才有用的东西——是人生中无足轻重的东西。你也许需要工具、觊觎工具，你也许不顾一切地想要它们，但你不应因它们不值得去爱就不爱它们。《圣经》告诉我们：贪财乃万恶之源。这句话在一些看似更有理的译文中是：爱钱是各种罪恶的根源。在这一点上，我认为《圣经》绝对正确。但这只是一个更普遍真理的限定版：爱是与那些本身有价值的事物之间的恰当关联。像对待本身有价值的事物那样对待自身无价值的事物——这就是各种罪恶的根源：罪恶的生活，罪恶的社会政治制度，往往还有罪恶的人。唯有具备自身价值的事物才值得去爱。人生的最重要任务之一，就是让自己置身于值得去爱的事物当中，并且把这些事物和不值得去爱的事物区分开。

因此便有了菲迪庇德斯（Pheidippides）[①]，也许是虚构的人物。据希罗多德（Herodotus）[②] 记载，菲迪庇德斯从雅典跑到斯巴达求

[①] 公元前5世纪雅典的长跑运动员。
[②] 公元前5世纪希腊的历史学家。

援——两地相距152英里——当时，入侵的波斯军队已在马拉松登陆①。另一些记载（其来源和真实性不明）则说，马拉松战役结束后，菲迪庇德斯带着希腊人获胜的消息，从马拉松跑了26英里，到了雅典。有记载说，那是他能跑出的最长距离，他高喊："我们胜利了！"之后马上就死了。无论是否真有菲迪庇德斯，他都和我们如今所知的那个长跑比赛的起源联系在一起，出于明显的理由，那个长跑比赛叫马拉松。

对菲迪庇德斯来说，他的奔跑据说只具有工具性价值。据说，当时有位元帅对他说："菲迪庇德斯，快去雅典，快去吧。你说的马是什么意思？"菲迪庇德斯是为了另一件事而跑——为了自己活命：无论结果如何，他都必须服从命令，不然就会使长官不悦。若是某个人开始跑步，或长时间停跑后又开始了跑步，其结果便一定显得很重要。我当然也这么想，尽管我认为那些大多以狼狗为基础的结果有几分不合常理。所以说，我成年后的跑步生涯有一个工具性的来源。

但是一个人跑步的工具性理由无论是什么，跑步都具有一种非工具性的本质，即一种形式，还有一种渐渐重申其自身的倾向。至少，跑步对我来说就是如此。我开始跟布勒南同跑时，还是个薪水微薄的哲学副教授，买不起自行车。跑步是应付一种急需的最廉价的可行之举，更是防止布勒南吃掉我的一切东西、最廉价的可行之举。但随着生活的发展，我的工资悄然地渐渐上涨了，我终于买得

---

① 此事发生在公元前490年。

起自行车了。的确，几年后我迁居爱尔兰时，我买了一辆很好的山地自行车。但是，唯有在我受了伤、不能跟我那时正显著扩大的狗群同跑时，我才骑车。到那个时刻，跑步便控制了我：跑步的本质，即我后来想到的"跑步的心跳"，已经建立了它对我的控制。狗群变老了，它们的身体变弱了，它们那些破坏性的暴行也减少了，我杜撰了一些新的工具性理由（它们其实都是小小的神话），以向自己解释我为什么要跑步。我对自己说：我跑步是因为跑步能使思维清晰。但现在我认识到了真相：那时我已经不中用了。我虽然杜撰了一些理由，提出了一些声明，但我还是越来越少地为激励一群寒了心的狗而跑步，越来越少地为了跑步能提高认知质量而跑步。我越来越多地为跑而跑了。

有的时候，我喜欢想象当年菲迪庇德斯也经历了类似的转变。菲迪庇德斯的长跑渐渐抛掉了那些工具性来源。跑出一步又一步，一次又一次地呼吸，菲迪庇德斯渐渐沉浸在了他奔跑的心跳中。他跟自己讨价还价了吗？只要让我跑到迈锡尼的十字路口，你就可以走一会儿了。菲迪庇德斯变成那个不诚实的主人了吗？他变成那个承诺制造人了吗？那些承诺就是为了破坏才制造的。菲迪庇德斯是否从此学会了花时间去思考，并因此像西塞罗日后所说的那样，学会了怎样去死呢？他后来是否更深地进入了跑步的心跳？从"无"生出的思想为菲迪庇德斯跳舞，其方式跟思想为我跳舞时一样吗？他是否足够深地进入了跑步的心跳，以至最终领悟了他根本不必受那些理由的控制？这些都是对跑步的心跳的体验。这些都是对善的理念的体验。这也是对固有价值的体验，它是固有价值自动显示于人类生活的方式之一。

柏拉图认为，善的理念其实属于另一个存在领域——形式世界（即理念世界）的顶点。因此，我们接近善便是一种智力活动。唯有头脑，唯有头脑的抽象推理能力，才能让我们见到形式内部。在哲学和宗教中，想象自己通过头脑与另一个世界紧密相连，这是个传统，无论这种联系是精神的还是形而上学的。头脑只有一部分属于现实世界，头脑横跨两个世界，但并不存在另一个世界。不存在我们死后头脑要去的天堂，也不存在我们活着时头脑能去的形式世界。固有的价值就在现实世界里，这是它们存在的唯一地方。我们既靠身体，又靠头脑接近这个世界。

因此这就是众神、哲学家和古雅典运动员之间的联系：众神告诉我们，游戏是一个人能过的最佳生活的基本成分，是使人生成为"值得的麻烦"的事情。我们从哲学家那里知道，人生最重要的事情是热爱善：热爱我们能在人生中任何地方发现的固有价值。沿着菲迪庇德斯的足迹跑步，我们认识到了跑步就是游戏，因此它本身就有价值——"善"自动显现在人类的生活中。毫无疑问，跑步并不只是游戏：古希腊人自己发明并做过很多游戏。我们在所有这些游戏中都发现了固有价值——人生中的善，能通过所有的游戏自动显现出来。当我最终失去了跑步，我就必须找到另外一些游戏去玩。但跑步是一种古老的游戏，是历史上最古老、最简单的游戏。因此，跑步也是善在人类活动中最古老、最简单的宣示。跑步是身体对人生中固有价值的理解。这就是跑步的意义。这就是跑步的实质。

席勒说，奥林匹斯山众神不但摆脱了"世人脸颊上因辛苦劳作而生出的皱纹"，而且摆脱了"空洞面孔上的轻浮笑容"。席勒认为，辛苦与快乐深深相连。快乐在一个人的生活里是有价值的，因为它是从令世人脸颊起皱的辛苦的转移。因此快乐虽然远远不是它的反题（辛苦），但其价值却在本质上依赖于辛苦。例如，你可以决定走到家里的酒柜前，以此作为你离开艰辛的工作、回到家中的标志——这就是做了能减轻压力的事。另外，你也可以坐下来观看一部制作精良的情景喜剧。这两件事情都可能是快乐之源。但它们引出的快乐，却是不再关注日常生活中的目标、责任或忧虑而实现转移的能力的一种功能。它是那种能消除呆滞面容的快乐。它只能轻抚心灵的表面，不会留下任何持久的印象。

在与"快乐"和"转移"密切相关的"乐趣"（fun）的词源里，有一条线索能用于追溯快乐和转移的关联。我们做事情是"为取乐"（for fun）。"乐趣"表示"娱乐"，但也有"转移"的含义。17世纪初以前，fun 最初并不用作名词，而是用作动词，表示欺骗或愚弄，可能来自盎格鲁撒克逊语单词 fonnen，意为"愚弄"。因此，与它相应的名词形式便表示"欺骗"或"愚弄"。快乐是一种愚弄或哄骗，因为快乐的功能是使我们离开受制于工具性价值的人生状态（即"转移"）。因此，我们赋予快乐的价值，就反映了我们的人生在多大程度上变成我们工作的战场——反映了我们只为其他事情而进行了多少活动。在缺少固有价值的人生中，快乐是最重要的。在现代，快乐就是一大欺骗（或愚弄）。

不过，现代的另一个特征就是某种思考幸福的方式。通常认为，幸福是快乐的一种形式，或者至少与快乐类似并同等重要。幸福和快乐都被概念化为感觉：某些温馨、愉悦、可人的感觉。幸福和快乐之间也许存在着细微差别，例如，幸福感比快乐稳定，不像快乐那么易逝。也许如此，从某种意义上说，很难确定两者中哪个"更深刻"或"更有意义"。但这两者之间的一切差别，都是两种不同种类或性质的感觉的差别。这就是所谓"快乐主义"幸福观，对立于早期提倡的对幸福的实现论表述[1]。古希腊人根本不认为幸福是一种感觉。对他们来说，幸福就是"安康"，就是让生活符合美德——道德的、智能的、体育运动的美德——它们是人性的特征。他们认为，幸福是一种生活方式，不是一种感觉。快乐主义幸福观得到了杰里米·边沁（Jeremy Benthan）的拥护，他是所谓"功利主义"道德论之父，其学说后来一直支配着我们关于幸福的种种假定。对怎样产生幸福、怎样增加社会的幸福总量，不同的人有不同的说法，但如今人们大多都不怀疑"幸福是某种快乐的感觉"的说法。理查德·雷雅德（Richard Layard）[2]是伦敦经济学院经济学退

---

[1] 指亚里士多德在《尼格马可伦理学》(*The Nicomachean Ethics*)中对幸福的表述。他用希腊语单词 eudaimonia 表示的"幸福"不是一种感觉，而是一种符合美德的生活方式，即人的自我实现，因此该理论被称为"实现论"（或完善论）幸福观。

[2] 英国男爵、经济学家，毕业于英国伊顿公学、剑桥大学国王学院，20世纪70年代后研究幸福经济学。

休教授，是不止一届英国政府有影响的社会政策顾问。他告诉我们，幸福是"感觉良好，愉快的生活，并想让这种感觉继续下去"。哈佛大学教授泰勒·本-沙哈尔（Tal Ben-Shahar）[①]宣布：幸福就是"对快乐和意义的综合体验"。这两人表达的都是完全正统的观点。

因此幸福若是当今时代的一大欺骗，快乐和幸福的区别若（至多）是微乎其微，我就似乎应当以同样的观点谈论幸福。但是，下这个结论却显得为时过早。快乐主义幸福观的问题并不在于它误解了幸福，而在于它只说对了一半。快乐主义幸福观把幸福当成了一种事物，当成了某种感觉，但幸福概念的本质并不明确。幸福不是一种事物，它是两种事物，这些事物大不相同。若认为幸福类似于快乐，幸福显然也会像快乐一样，被指控为欺骗或哄骗。但这并不是理解幸福的唯一方式。

人们通常认为幸福本身就有价值——它是我们为了它本身，不为了其他事物而需要的东西。更常见的是，"幸福本身就有价值"的说法获得了近于普遍的承认，至少在哲学家当中如此。乍看上去，这个说法似乎有理。我们也许需要金钱，因为我们认为金钱能买到幸福。但是，我们认为幸福带给我们什么呢？我们需要幸福，只是因为我们想要快乐——别无其他理由。这就是那些观点或目标止步的地方。因此，幸福必定具备固有的价值。但我认为，我们若把幸

[①] 以色列人，哈佛大学组织行为学博士，2006年起在该校讲授"积极心理学"（或称"幸福心理学"）课程，大受欢迎。

福看作了快乐，那也许就根本没有幸福这种东西了。把幸福理解为快乐，我们就是为了幸福之外的某种事物而需要幸福。我们想要幸福，是因为想摆脱工作对我们人生的控制（即从工作转移）——完全为了别的目的而无休止工作的工具性循环。作为快乐，幸福会自动地出现在意义和目的的停止之处。但事实表明，不存在这样的东西。幸福若被理解为快乐，幸福就成了人类心灵的情景喜剧。

宙斯理解这一点，尽管他可能不熟悉"情景喜剧"的这个概念。宙斯一直在做游戏，即使游戏的结果是种种快感的延迟或偶尔缺位。我们若愿意，完全可以把幸福视为快乐，但我们若这样做，便也应当愿意承认幸福也许并不特别重要，幸福不是能使人生成为"值得的麻烦"的东西。只要怀着任何一种信念去玩游戏，并且思考其中包含了什么（哪怕只思考一秒钟），任何人便都会懂得：游戏与快乐无关（并且永远无关）。我可以有把握地说，我刚跑完的 26.2 英里与快乐毫不相干。事实上，我可以肯定地说，它使我深感不快，尤其是在跑第二个 13.1 英里的时候。跑完后，我也丝毫没有感到满足的补偿性兴奋，而它通常伴随着完成得很好的工作，也能将不快一扫而光。但我记得我产生了一种模糊的、难以言喻的赛后困惑感，一种"好了，现在该怎么办？"的感觉，而从经验的角度说，它确实是困惑感。尽管如此，我还是不能同样自信地说，我跑步时和比赛结束后都不快乐。相反，我认为我也许深深地、过度地，甚至令人讨厌地感到了快乐。这种情况若是真的，我似乎就不得不得出结论：

210

并非一切幸福都是快乐。有的时候，幸福甚至与快乐并不相关。

在比赛中，我第一次理解了理由和行动之间那道不可逾越的鸿沟，因此也理解了世上一切理由都不能支配我，这时我便受到了诱惑，那是一种我最终无法拒绝的诱惑：我禁不住说，我跑步时感到了欢乐。施利克也把快乐从他不肯说的"欢乐"中区分出来。但是，给事物贴上标签却不能给我们带来任何益处，除非我们能说清标签的意思。即使快乐与欢乐之间存在起码的区别，那个区别也已被当今时代变得几乎不可见了。某个人谈论"享受"某件事情，他的意思仅仅是他发现那件事情能使人快乐——有"乐趣"。当今是崇尚感觉的时代。它必须如此。感觉是一些消遣，能使人们离开由工作主宰的生活。因此我们会问：除了作为特别增强的快乐感——加深的、强化的快乐感——欢乐还能是什么？但是，我所说的"我的欢乐"却和我感到的不快乐的一种相当残忍的形式①有关。那么，在哪种意义上，根据什么正当理由，我才能把这种体验称为"欢乐"呢？

欢乐是另一种形式的幸福，它是幸福的变体，不能理解为快乐。作为快乐的幸福是根据其感觉界定的，但并非作为欢乐的幸福。我说："我在理由与行动之间的差距中奔跑时感到的是欢乐。"而萨特却把同样的体验描述为"痛苦"。这些具有如此不同的经验性内涵的术语，可以用于描述同一种经验，这就表明：这种欢乐不能用对它的感觉来描述。欢乐能造成很多感觉。各种感觉都可能与欢乐相伴，

---

① 此指痛苦。

但它们不能界定欢乐，不能使欢乐成为欢乐。我怀着从"无"而来的思想跑步时感到的欢乐（或者说与跑步相伴的感觉），与另一种欢乐大不相同，后者是我今天跑步时感到的欢乐，因为我当时理解了一点：我的一切理由，或者说我可能有的一切理由，都不能主宰我。尽管如此，这些仍然都是欢乐所能采取的形式。从本质上说，欢乐不是一种感觉，甚至不是多种感觉的汇合。欢乐是认同的一种形式。

我们的人生越是被工具性主宰，我们就越是看重快乐。欢乐的功能却截然不同。欢乐能表现为许多经验性形式。有全神贯注的欢乐，即体验到完全沉浸在正在做的事情当中。有奉献的欢乐，即体验到正在全心致力于行为而不是结果。有坚持到底的欢乐，即体验到一心投入游戏，把自己拥有的一切都交给游戏，竭尽全力，无论这会使你付出什么代价。有挑战的欢乐，狂热而暴烈：不，你打败不了我，不是这里，不是今天。在跑步的心跳中能发现欢乐，无论它表现为哪种形式。但说到底，所有这些欢乐都归结于同一个事物。欢乐是对人生中固有价值的体验（或者说认同）。欢乐是对人生中本身就有价值的事物的认同。那些事物因其自身而有价值：它们都是人生中值得热爱的事物。快乐使我们不注意不具固有价值的事物。欢乐使我们认同具有固有价值的事物。快乐是一种感觉方式，而欢乐则是一种观察方式。欢乐不是快乐所是的东西，永远都不是。欢乐是对人生中一个位置的认同，一切意义和目的都在那个位置上停止。

我们大多数人都将以进入人生的方式告别人生：战战兢兢，不知所措，孑然一身。但我们进入这个世界时，却遇到了关爱的臂膀和慰藉的话语。在离开人生的路上，我们将一无所遇。每一种生物的生命都遵循着这些总体轮廓，因此从这个意义上说，其生命是悲惨的，是极为不幸的。但人类的情况就截然不同了。我常常担心自己未来的命运，换言之，我认为自己的命运会相当不济。但我知道，这也会是我孩子们的命运，而那就更糟。有的时候，正如维特根斯坦曾说的，生活中最难看清的事就是最明显的事，而它们之所以是生活中最难准确看清的事，是因为它们都是最明显的事。对我来说，有一点现在已经很明显了：我不能做出任何有意义的事情，去保护我的孩子们不受生活的伤害，不受我把他们带入的这个地方（现实世界）的伤害。说实话，他们的生命正常展开时，他们成长时，他们见到其人生中的固有价值最狡黠地聚在一起时，我可以给他们些许帮助。但当他们在道路上步履维艰，我却会离开他们，就像最懒惰的父亲那样。用不了短短的几十年——这是假定我还能再活短短几十年——我就会离他们而去，让他们单独面对他们的渐渐消亡。但是，我能活在他们的记忆中，为他们提供一个有力的例证，说明怎样活在这个充满恶意之地，怎样面对他们渐渐的消亡吗？也许能吧，但遗憾的是，我们年轻时的记忆都是些有病的孩子。我的儿子们现在还根本不需要记忆——他们为什么需要记忆呢？到了他们需要记忆的时候，我很可能已经不在他们的记忆里了。正如捷克作家米兰·昆德拉（Milan Kundera）所说：我们在被忘记之前被变成了媚己之作（kitsch[①]）。留在记忆中的我，将会成为一些滑稽的、模糊的暗示或一个人曾经是的一些主题。对我们人类来说，理解自己的命运就是我们命运的一部分。正因如此，我们所爱之人的命运也就成了我们命运的一部分。换言之，我们的人生不只是悲惨的或不幸的：人生都是悲剧性的。悲剧诞生于不幸与理解相遇之际：一个人不但受苦和死亡，而且同时又理解到了这种受苦和死亡是不可改变的。

今生若是有意义，那个意义便会是对今生的补偿。它会像加缪所说，使人生成为"值得的麻烦"。尼采比这更进一步，他认为人生的意义必须不但能让我们忍耐生活，而且能让我们爱生活："我衡量一个人的伟大的标准是热爱命运[②]：一个人不想改变任何事情，不求超前，不求落后，不求永生。不但忍受必然，而且不隐瞒必然——面对必然之事，除了爱它，一切理想主义都是谎言。"[③] "热爱命运"，这个要求太过分了。我有时几乎能够应付落后。我在自己的人生中

[①] 此词来自米兰·昆德拉的哲学小说《不能承受的生命之轻》（*The Unbearable Lightness of Being*，1984），也被音译为"刻奇"。其德语原意为媚俗，指在艺术作品中刻意模仿公认的文化符号等要素以取悦大众。在这部小说里，昆德拉用此词表示"自我取悦"或"媚己"，即自我感伤、自恋或自作崇高。

[②] 尼采在他的《快乐的科学》（*Die Fröhliche Wissenschaft*）等著作中阐述过这个思想。它指一种人生态度，将人生一切际遇（好运和厄运）视为必然，接受现实，顺从命运。它源自古希腊哲学家伊壁鸠鲁（Epictetus）和古罗马哲学家皇帝马可·奥勒留（Marcus Aurelius）。

[③] 见尼采著作《瞧，这个人》（*Ecce Homo*）"我为何如此聪明"一章。

一直很幸运。但即使如此，我也很难不懊悔，为我往日至少几个白痴行为或轻率之举懊悔。一些人对我说，他们不愿改变某件事情。就我个人而言，我想我也许愿意改变某件事情。但你若把落后与超前相较，落后便会失色，化作无意义。我想，热爱自己的命运或许是一件不可能完成的任务。

尽管如此，我还是在生活中的一些瞬间几乎接近了这个任务。用于追求重要之事的人生，与沉浸于重要之事、被它们包围的人生，这两者有本质的不同。这两种人生之间有一道不可逾越的巨大鸿沟。有些人为了追求另外某个事物而跑步。有些人只是为跑步而跑步。若想找到今生的某种意义，除了一个办法之外，我不知还有什么其他办法，那个办法是：不要追求，只是去跑。被工具性价值主宰的人生，都用在了为另外某种东西的追求上，穷追不舍，直至到手。与之相反的是发现生活中的善，热爱生活中的善，让自己被善包围，竭尽全力地守住善。

跑步和群体（狗群和人群），这些永远是我人生固有价值——善的理念的一对支柱。我跑步时，我沉浸在善的理念里。我和我的狗群（虽说狗群会有变更）同跑时，我沉浸在善的理念里。我们并不总是能以群为伴——有时各种环境会共谋，会以这种方式跟我们作对。但我们仍有可能发现善的理念。为此，只要做到一点即可：穿上跑鞋，一直跑下去，直到你发现自己进入了跑步的核心。你只要不断地跑，最终一定能进入跑步的核心。在我沉浸于善的理念、被它包围的这些瞬间，我即使做不到热爱命运，也起码能与命运和解。我与命运和解，是因为我的烦恼不足以使我想改变命运。与命运和解与热爱命运，这两者几乎没有相似之处，但与命运和解却是一种迁就，那是我最佳的选择。这些瞬间之前，未发生任何使它们出现的事情，它们也不会使任何事情发生，但这都无关紧要。我不想要一个不同的过去，也不想要一个不同的未来，这就像我和狗群同跑时，我不会要求一只晒太阳的蜥蜴从一块岩石爬到另一块岩石上。在这些瞬间里，我的命运根本不能主宰我。我不能热爱自己的命运，但我至少能像那只蜥蜴躺着的那块岩石一样被动。在这些瞬间里，人生中一切意义和目的都停止了，追逐结束了，跑步真正地开始了。

在跑步跳动的心中，我听见了以前的我和我昔日所知的回声。当跑步的心跳包围了我，紧紧抓住了我，我就回到了堕落之前的那个我。当跑步的节奏紧紧抓住了我，我就跑在了欢乐的原野上。我被它包围，被它由外而内地温暖。在这些瞬间，跑步对我低语：它那些低语是来而复去的思想，自碧空而来，又化为乌有。它轻声对我说出了一个我曾经知道却又忘了的真理，就像一个曾经出现又慢慢消失的梦，一个无法追忆的梦。这些低语讲的是欢乐，是对自由的感受，是如此的人生中真正重要的东西——如此的人生控制着赤裸的、濒死的我们。它轻声对我讲着我在伊甸园的时光。

鸣谢

感谢我的编辑萨拉·霍洛维,她用数月时间,耐心地对本书提出了价值无比的建议,使它渐渐形成定稿,并鼓励我说,思想一旦涌现出来就不要放弃,无论它们引向何处。感谢安妮·米道斯,她好心地阅读了本书的全部草稿,提出了一些非常有益的建议。感谢本杰明·巴肯的出色编辑。感谢米兰达·贝克的出色校对。

一如既往,我要感谢我的代理人利兹·普提克。还要感谢理疗师布鲁斯·维勒克的神奇手指,他成功地去除了我左小腿上存在多年的疤痕组织——没有他这番努力,构成本书第一章和第七章基础的那些事件便绝不会发生。毫无疑问,在不久的将来,我一定去你那里看我的右小腿。

我几乎相信跑步就是这样一个地方:我在这里找回了被我忘记已久的思想,它们涉及被我阅读过、却大多都被我忘记了的思想家们的著作,涉及早已入土的思想家们,其思想同样被埋进了我大脑中的某个地方,因为我的大脑日复一日地忙于一些事务,以让我活着，并在大部分时间里保持清醒。我跑步时脑子里闪过的许多思想，与我立定不动时想到的一样多，都以各种方式进入了本书。它们就是柏拉图、摩里兹·施利克、叔本华、萨特、尼采、海德格尔、亚里士多德、休谟和笛卡尔的思想。

  最重要的是，我要大大感谢我的两群陪伴：他（它）们好心地与我分享了他（它）们的生活，帮我理解了一个区别：追求重要之事的人生不同于沉浸于重要之事的人生。首先要感谢我那些犬类陪伴。感谢你们，布茨、布勒南、尼娜、苔丝和雨果，感谢你们多年与我同跑：我是懒人，没有你们，我可能永远完成不了那些跑步。其次要感激我那些人类陪伴。感谢我的母亲和父亲，你们保证了我的生命中永远有狗相伴。感谢我的儿子布莱尼和麦克森，你们用各自不可模仿的方式，使我想起了早已被我忘记的事情——的确，那些事情注定会被忘记。最后，我要感谢我的妻子爱玛。记得我说过，她是我见过的最美丽的女人，是我认识的最善良的女人。我那时没有说错。

Originally published in English by Granta Publications under the title RUNNING WITH THE PACK: THOUGHTS FROM THE ROAD ON MEANING AND MORTALITY, copyright © Mark Rowlands, 2013.

Mark Rowlands asserts the moral right to be identified as the author of this Work.

Chinese Simplified translation copyright © 2017 by China Renmin University Press Co., Ltd.

All Rights Reserved.

图书在版编目（CIP）数据

跑着思考：人、狗、意义和死亡/（英）马克·罗兰兹（Mark Rowlands）著；肖聿译．—北京：中国人民大学出版社，2018.1
　　书名原文：Running with the Pack：Thoughts from the Road on Meaning and Mortality
　　ISBN 978-7-300-25186-8

Ⅰ.①跑… Ⅱ.①马… ②肖… Ⅲ.①人生哲学-通俗读物 Ⅳ.①B821-49

中国版本图书馆CIP数据核字（2017）第295651号

跑着思考
——人、狗、意义和死亡
［英］马克·罗兰兹（Mark Rowlands）　著
肖聿　译
Paozhe Sikao

出版发行	中国人民大学出版社		
社　　址	北京中关村大街31号	邮政编码	100080
电　　话	010-62511242（总编室）	010-62511770（质管部）	
	010-82501766（邮购部）	010-62514148（门市部）	
	010-62515195（发行公司）	010-62515275（盗版举报）	
网　　址	http://www.crup.com.cn		
	http://www.ttrnet.com（人大教研网）		
经　　销	新华书店		
印　　刷	北京联兴盛业印刷股份有限公司		
规　　格	145 mm×210 mm　32开本	版　次	2018年1月第1版
印　　张	7.375　插页2	印　次	2018年1月第1次印刷
字　　数	140 000	定　价	48.00元

版权所有　侵权必究　　印装差错　负责调换